世界技能大赛资源转化系列教材
——电子技术项目

嵌入式编程

主编　付少华　叶光显

参编　唐　涨　游青山　成　冲　梁　攀　黎锦宏

　　　沈　卓　张　娉　王耀龙

U0251324

中国劳动社会保障出版社

图书在版编目（CIP）数据

嵌入式编程 / 付少华，叶光显主编. -- 北京：中国劳动社会保障出版社，2020
世界技能大赛资源转化系列教材
ISBN 978-7-5167-4530-4

Ⅰ.①嵌…　Ⅱ.①付…②叶…　Ⅲ.①程序设计－教材　Ⅳ.①TP311.1

中国版本图书馆 CIP 数据核字（2020）第 096508 号

中国劳动社会保障出版社出版发行

（北京市惠新东街 1 号　邮政编码：100029）

*

北京市白帆印务有限公司印刷装订　　　新华书店经销

787 毫米 ×1092 毫米　16 开本　17.75 印张　333 千字
2020 年 7 月第 1 版　　2022 年 9 月第 2 次印刷

定价：48.00 元

读者服务部电话：（010）64929211/84209101/64921644

营销中心电话：（010）64962347

出版社网址：http://www.class.com.cn

内容简介

本教材结合世界技能大赛的赛题、专业规范、行为准则等，介绍了嵌入式编程STM32L052芯片的编程方法，内容包括编程软件安装应用、发光二极管应用、数码管模块应用、矩阵键盘模块应用、键盘流水灯控制应用、16×16点阵显示应用、1602液晶显示模块应用、摇杆数字编码输入模块应用、OLED显示模块应用、步进电动机控制接口应用、无线遥控接收应用、继电器控制接口应用、红外线发射接收应用、超声波模块应用、8×8 RGB全彩点阵应用、直流电动机控制应用、环境质量传感器模块应用、人体红外感应模块应用、温度与湿度感应模块应用、陀螺仪重力感应磁力计模块应用共20个任务及第43届、44届世界技能大赛的嵌入式编程题目。各任务中的主要程序都做了详细解释，所有的接线图、程序、接口、芯片都是经过调试验证的。书中的每个编程案例都以任务的形式呈现，由学习目标、任务描述、知识准备、任务实施、任务自评、知识扩展等环节组成，以使学生在完成电子产品编程、调试的过程中，同时实现综合职业能力的提升。

本教材是电子信息、自动化等相关专业教学与竞赛训练用书，可供世界技能大赛电子技术项目集训选手使用，也可供相关人员在岗位培训中使用。

前　言

　　世界技能大赛（以下简称"世赛"）引领世界技能人才的培养标准和方向，为充分借鉴世赛先进的技能理念、技能标准、评价体系，加大职业教育、职业培训创新发展，改进技能人才培养模式，提高人才培养质量，培育具有专业技能与工匠精神的高素质劳动者和人才，实现技能传承创新与决胜世界竞技场同步推进，广东三向智能科技股份有限公司组织有关行业专家、职教专家、工程技术人员，依据世赛及国家职业技能标准，兼顾企业对电子技术技能人才的需求，开发了世界技能大赛资源转化系列教材。

　　本系列教材具有以下主要特点：

　　突出以世赛元素融入职业能力为核心。教材编写贯穿"以职业技能标准为依据，以企业需求为导向，以职业能力为核心"的理念，依据国家职业技能标准，结合行业、企业发展和人才需求，精准对接世赛电子技术项目标准，培养具备安全与规范操作、电路原理图的设计、印制电路板设计、嵌入式编程、电路故障维修、电路安装与调试等综合能力的技能人才。同时，突出新知识、新工艺、新方法的应用。

　　服务专业教学和竞赛并重。根据职业发展的实际情况和专业教学需求，教材力求体现职业教育规律，同时反映世赛电子技术项目的基本要求，满足电子类专业教学及学生参加世赛电子项目各级别选拔赛以及选手集训的需要。

　　采用分级模块化编写。纵向上，教材按照世赛电子技术项目的设置分为《硬件设计及故障维修》和《嵌入式编程》两册，各模块衔接合理，循序渐进，为电子技术专业的技能人才培养及世赛选手训练搭建阶梯型训练架构。横向上，教材按照世赛电子技术项目的设置分任务展开，安排丰富、适用的内容，在对接世赛标准的同时，贴近企业和培训对象的需求。

　　增强教材内容的可读性。为便于学校在组织教学或世赛训练时，在有限的时间内把重要的知识和技能传授给受训对象，同时也便于培训对象掌握重点，提高学习效率，教材中精心设置了"学习目标""任务描述""知识准备""任务实施""任务自评"等学习环节，以明确应该达到的学习目标和取得的成果，需要掌握的重点、难点及有关的扩展知识。

精准对接世赛装置。本套教材中所有任务的产品设计、组装、焊接、编程与调试均在世赛电子技术项目指定设备（SX–WSC16）即广东三向智能科技股份有限公司设备上调试验证，读者可以直接应用。

本教材由重庆工程职业技术学院付少华、广东三向智能科技股份有限公司叶光显主编，广东三向智能科技股份有限公司唐涨、黎锦宏、沈卓编写了任务二十一并对全书程序代码进行了验证，苏州市电子信息技师学院成冲、重庆铁路运输技师学院梁攀编写了任务二，重庆工程职业技术学院游青山编写了任务五，安徽阜阳技师学院张娉、西安技师学院王耀龙编写了任务十八，其余章节由付少华编写。

欢迎各使用单位和广大读者对教材中存在的不足之处提出宝贵意见和建议，以便修订时加以完善。

目　录

第一篇
软件篇

任务一
软件安装应用

学习目标

1. 会安装 Keil MDK-ARM 5 软件及 STM32CubeMX 软件。
2. 能运用 STM32L052 主控板进行程序的编译及下载。

任务描述

Keil MDK-ARM 5 是基于 Cortex-M、Cortex-R4、ARM7、ARM9 处理器的嵌入式应用程序。MDK-ARM 专为微控制器应用而设计，不仅功能强大，而且易学易用。STM32 是 ARM Cortex 系列的微处理器芯片，广泛应用于工业控制、消费电子、物联网、通信设备、医疗服务、安防监控等领域。

STM32CubeMX 是 ST（意法半导体）公司推荐的 STM32 芯片图形化配置工具，允许用户使用图形化向导生成 C 语言初始化代码，可以大大减轻开发工作，节省时间，节约费用。

软件安装应用任务是要求学生在计算机上安装 Keil MDK-ARM 5 及 STM32CubeMX 软件，并新建一个 STM32L052 工程，编译、下载到 STM32L052 主控板上，使程序运行成功。

知识准备

一、如何安装 Keil MDK-ARM 5 及 STM32CubeMX 软件?

二、如何新建一个 STM32L052 工程?

任务实施

一、Keil MDK-ARM 5 安装

嵌入式系统 STM32L052 芯片使用的编译软件是 Keil MDK-ARM 5,其安装步骤如下。

1. 双击 Keil 安装包中 mdk515 安装程序图标,开始安装,如图 1-1 所示。

图 1-1 双击 Keil 安装包中 mdk515 安装程序图标

2. 弹出"Setup MDK-ARM V5.15"对话框,如图 1-2 所示。单击"Next"按钮,出现如图 1-3 所示的选择"License Agreement"对话框。

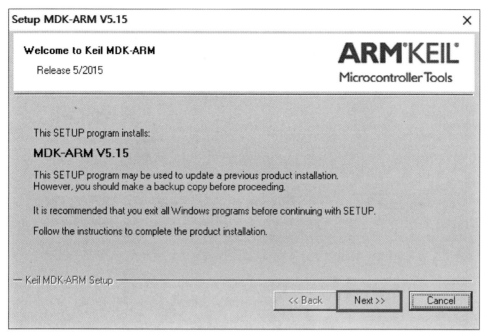

图 1-2 "Setup MDK-ARM V5.15"对话框

3. 在"License Agreement"对话框中勾选"I agree to all the terms of the preceding License Agreement"选项，然后单击"Next"按钮，弹出如图 1-4 所示的安装路径选择对话框。

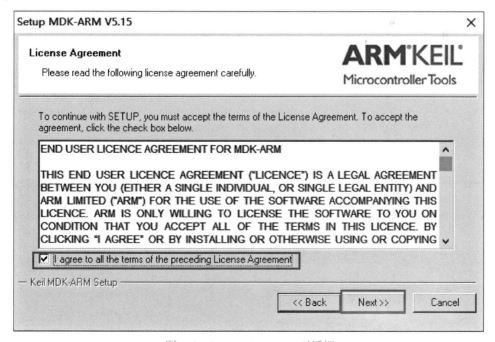

图 1-3 License Agreemen 对话框

4. 选择安装路径, 这里按默认安装在 C: \Keil_v5 目录下, 如图 1-4 所示。单击 "Next" 按钮。

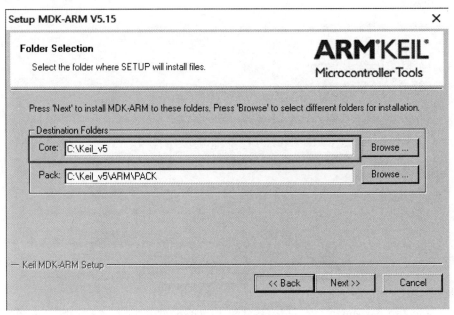

图 1-4　路径选择对话框

5. 在弹出的 "Customer Information" 对话框中填写用户信息, 如图 1-5 所示。

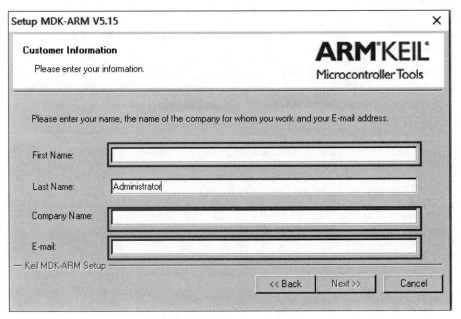

图 1-5　用户信息对话框

6. 可以任意填写，如图 1-6 所示，填写完毕，单击"Next"按钮，进行下一步。

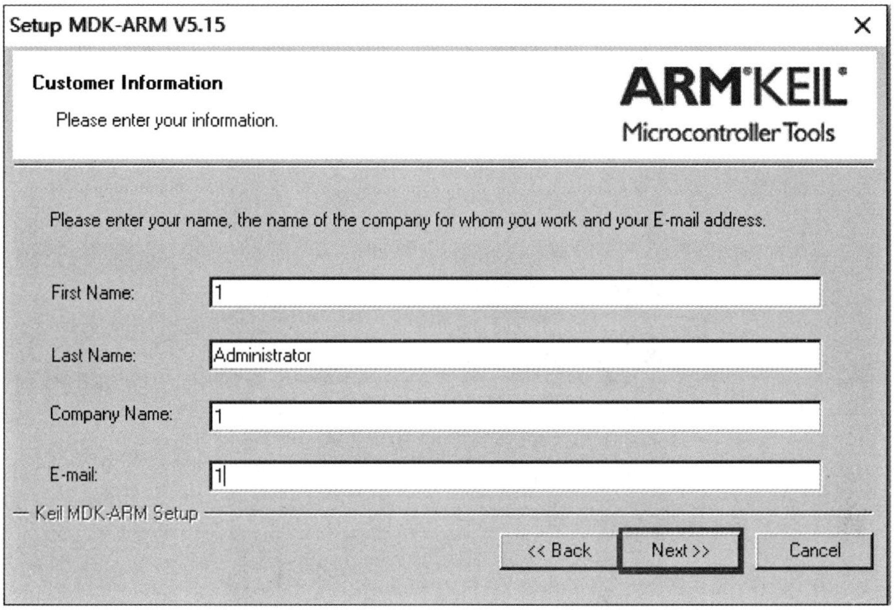

图 1-6 填写用户信息

7. 在弹出的"Setup Status"窗口中，进度条显示系统自动安装的进度。安装完成后，在弹出的"Keil MDK-ARM Setup completed"对话框中单击"Finish"按钮即可，如图 1-7 所示。

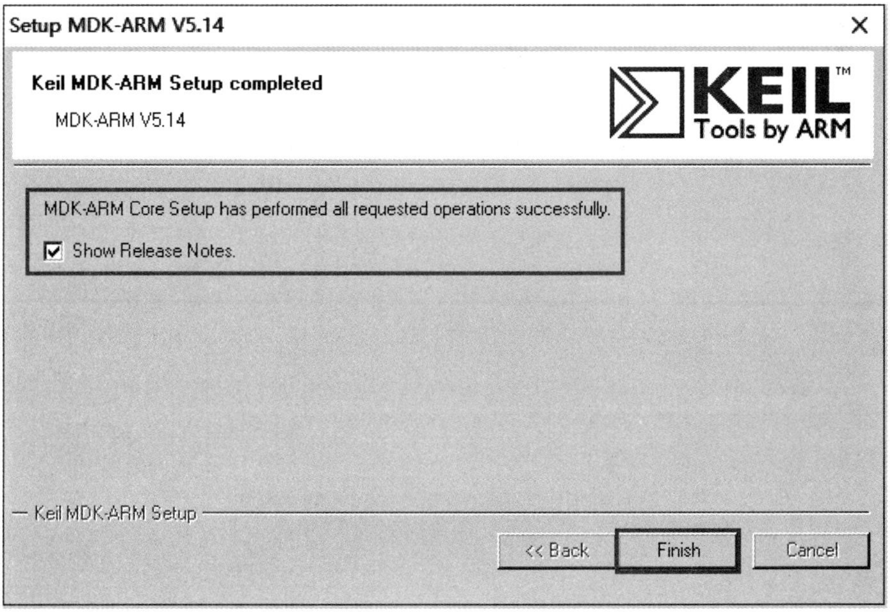

图 1-7 Keil 程序安装完成对话框

8. 此时桌面出现 Keil 软件的快捷方式图标，右键单击该图标，在弹出的快捷菜单中单击"以管理员身份运行"命令（见图 1-8），启动运行 Keil，Keil 软件主界面如图 1-9 所示。

图 1-8　在 Keil 软件快捷菜单中单击"以管理员身份运行"命令

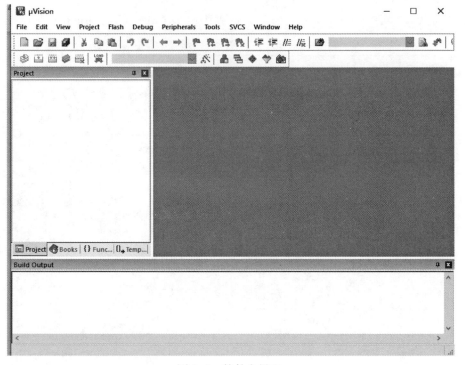

图 1-9　软件主界面

9. 在 Keil 软件主界面中，单击菜单栏中的"File"选项卡，在弹出的下拉菜单中单击
"License Management"命令，如图 1-10 所示。

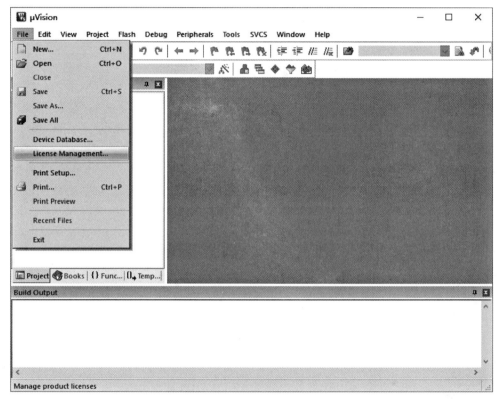

图 1-10 "File"选项卡的下拉菜单

10. 在弹出的"License Management"显示框中，进行软件注册，这里不作详细介绍，软件注册后如图 1-11 所示。至此，软件安装完成。

11. 返回桌面，双击桌面上"Keil"软件快捷方式，弹出"Pack Installer"显示界面，如图 1-12 所示。

12. 在本界面安装使用芯片的相关驱动，依次选择"Devices"→"STMicroelectronics"→"STM32L0 Series"，如图 1-13 所示。

13. 右侧窗体"Device Specific"下级存在两个驱动程序（图 1-14 中箭头所指之处），分别单击"Up to date"按钮（图 1-14 中方框所示之处），等待自动更新完成（需要在联网情况下进行下载更新安装）。当两个按钮均变为绿色时，表示驱动程序更新完成，单击右上角关闭按钮退出，如图 1-14 所示。

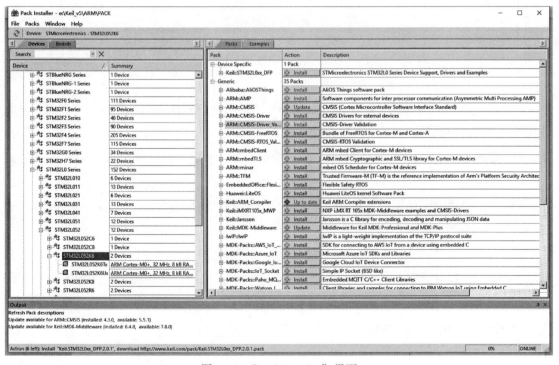

图 1-11　软件注册

图 1-12　"Pack Installer"界面

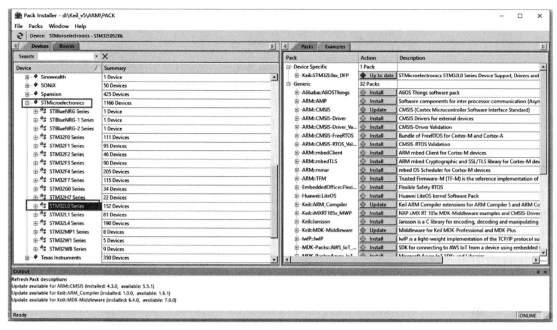

图 1-13　STM32L0 系列芯片选择

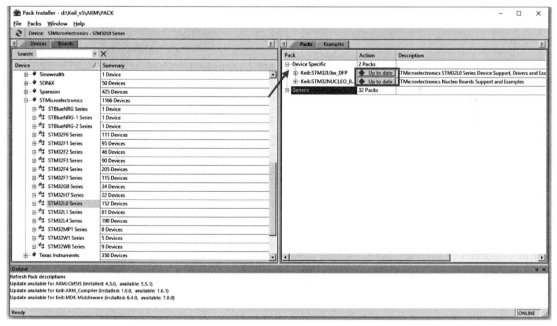

图 1-14　在线安装驱动程序

14. 离线安装驱动的方法：若已经从官网下载了离线芯片驱动安装包，可直接单击驱动程序包进行离线安装。以官网提供的"Keil.STM32L0xx_DFP.1.3.0"和"Keil.STM32NUCLEO_BSP.1.3.0"两个安装驱动程序包安装步骤相同，此处以"Keil.STM32L0xx_DFP.1.3.0"为例介绍离线安装驱动程序包的安装操作过程，双击图标打开"Keil.STM32L0xx_DFP.1.3.0"程序包，如图1-15所示。

图1-15　双击图标打开"Keil.STM32L0xx_DFP.1.3.0"程序包

15. 系统默认驱动程序包安装解压路径与Keil软件安装路径一致，如图1-16所示，单击"Next"按钮进行安装。

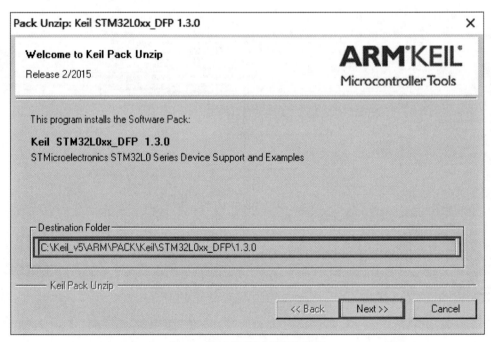

图1-16　安装驱动程序包解压

16. 驱动程序包解压安装完成，单击"Finish"按钮，结束驱动程序包解压安装，如图1-17所示。

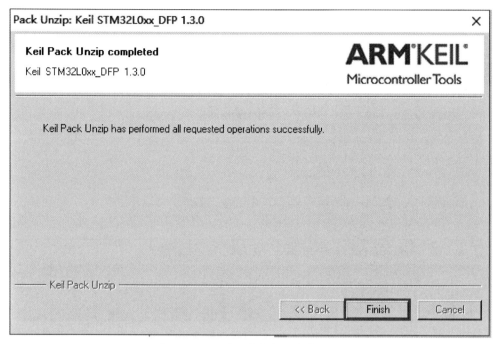

图 1-17 驱动程序包解压安装完成

二、STM32CubeMX 安装

在安装 STM32CubeMX 软件之前，STM32CubeMX 运行环境搭建包括两个部分。首先是 Java 运行环境安装，其次是 STM32CubeMX 软件安装。Java 软件和 STM32CubeMX 软件都可以在官网找到最新的下载。

1. Java 运行环境安装包下载

在浏览器地址栏中输入以下网址：https://www.java.com/zh_CN/download/windows_offline.jsp 下载 Java 运行环境安装包。

2. STM32CubeMX 软件安装包下载

在浏览器地址栏中输入以下网址：https://www.st.com/content/st_com/en/products/development-tools/software-development-tools/stm32-software-development-tools/stm32-configurators-and-code-generators/stm32cubemx.html 下载 STM32CubeMX 软件安装包。

3. Java 运行环境安装，双击图标 "jdk-8u161-windows-x64" 打开驱动程序，如图 1-18 示。弹出 Java 运行环境对话框，如图 1-19 所示。

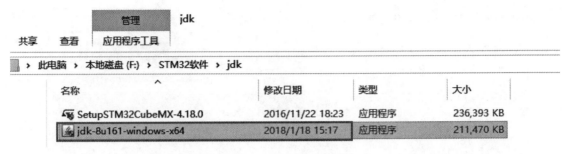

图 1-18　Java 运行环境安装

4. 在 Java 运行环境安装对话框中单击"下一步"按钮，如图 1-19。

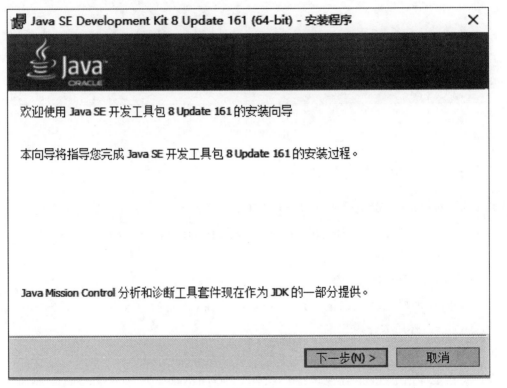

图 1-19　Java 运行环境安装对话框

5. 选择安装路径，这里选择默认路径"C:\Program Files\Java\jdk1.8.0_161"进行安装，其他选项也采用默认设置，单击"下一步"按钮，等待更新组件注册，如图 1-20 所示。

6. 更新组件注册完成后，可选默认安装文件夹，也可单击"更改"按钮改变安装路径。确认安装路径后，单击"下一步"按钮进行安装，如图 1-21 所示。安装完成后，自动关闭窗口。

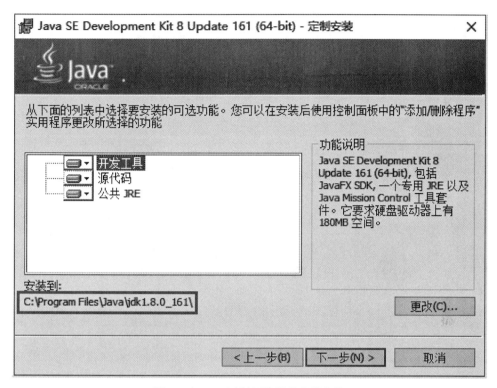

图 1-20　Java 运行环境默认路径安装

图 1-21　安装文件夹路径修改确认

7. 在安装 Java 运行环境之后，双击 "STM32CubeMX" 安装软件图标，进入 "STM32CubeMX" 安装向导对话框，单击 "Next" 按钮，如图 1-22 所示。

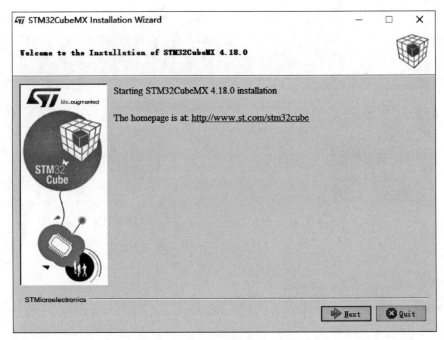

图 1-22　STM32CubeMX 安装向导对话框

8. 选择"I accept the terms of this license agreement"选项，单击"Next"按钮，如图 1-23 所示。

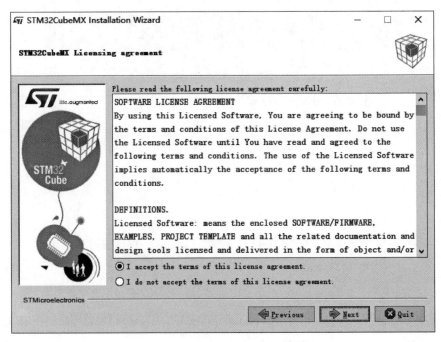

图 1-23　确认对话框

9. 选择安装路径。如选择默认路径"C:\Program Files\STMicroelectronics\STM32Cube\ STMCubeMX",然后单击"Next"按钮,如图 1-24 所示。

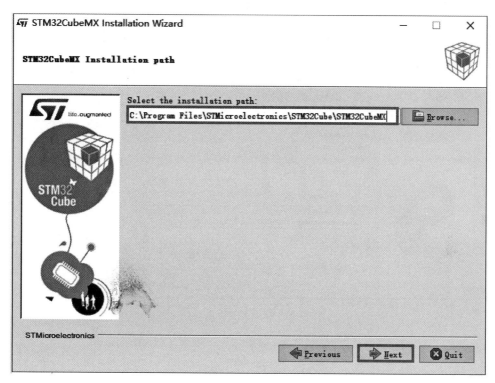

图 1-24　软件安装路径选择

10. 在弹出的"路径已存在"的警告对话框中(见图 1-25),单击"Yes"按钮,进行下一步。

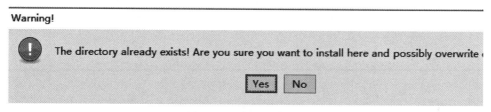

图 1-25　路径选择确认

11. 接下来,在"STM32CubeMX Shortcuts setup"窗口中,相关快捷方式选择项默认即可,如有其他需要可以自行选择,单击"Next"按钮,如图 1-26 所示。

12. 在"STM32CubeMX Package installation"中,再次单击"Next"按钮,如图 1-27 所示,等待安装包安装完成。

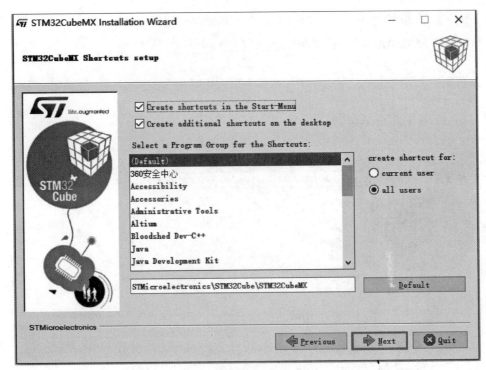

图 1-26　快捷方式选择确认

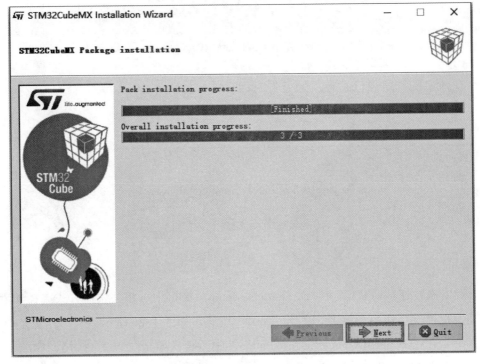

图 1-27　STM32CubeMX 安装程序

13. 程序安装之后，单击"Done"按钮完成安装，如图 1-28 所示。

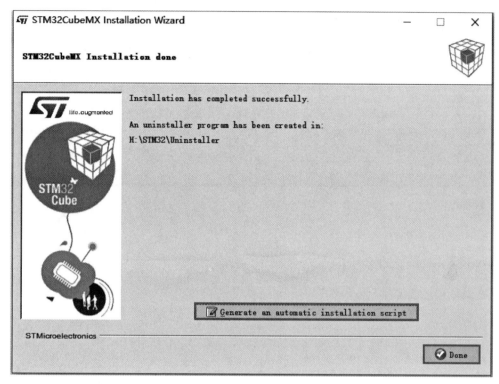

图 1-28　程序安装完成

14. 双击安装好的"STM32Cube MX"快捷方式图标（见图 1-29）打开软件。

图 1-29　打开 STM32Cube MX 软件

15. 在弹出的软件界面单击"Help"按钮，再单击方框中的"Install"按钮进入软件固件发布页面，找到需要的芯片型号（这里选择"Firmware Package for Family STM32L0 1.7.0"版本），单击"Install Now"按钮（见图 1-30），进行下一步，然后等待下载完成，单击"OK"按钮完成芯片软件固件联机下载，如图 1-31 所示。

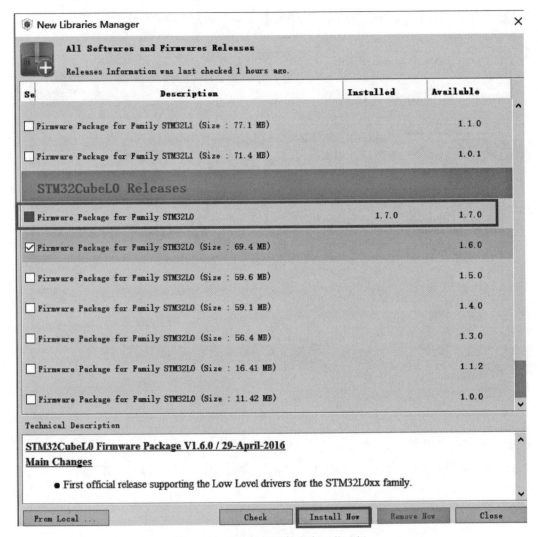

图 1-30　芯片软件固件发布下载选择

图 1-31　芯片软件固件联机下载

三、使用 STM32CubeMX 建立工程

1. 打开 STM32CubeMX 软件，单击"New Project"，如图 1-32 所示。

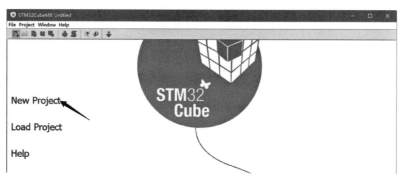

图 1-32　使用软件新建工程

2. 选择 MCU 或选择（ST 官方）开发板。

单击"MCU Selector"进入 MCU 选择界面（见图 1-33），根据芯片型号进行选择（该工程以 STM32L052 为例）。

（1）根据"系列"选择：有 F0、F1、F2、…、F7、L0、L1、L4 等，选择 STM32L0。

（2）根据"产品线"选择：有 STM32L0x1、STM32L0x2、STM32L0x3，这里选择 STM32L0x2。

（3）根据"封装"选择：有 EWLCSP49、LQFP32、LQFP48、LQFP64 等，这里选择 LQFP32，如果芯片为其他引脚数量则选择相应的封装。

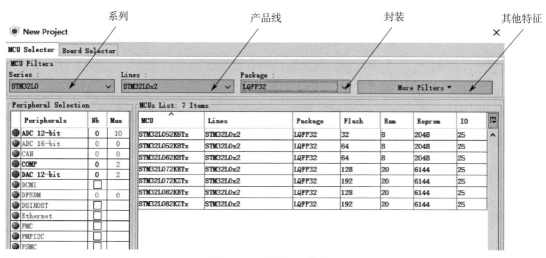

图 1-33　选择相应的芯片

（4）根据"其他特征"选择：如：FLASH 大小、RAM 大小、IO 数量等。

经过逐步筛选，最后就可以看到想要的芯片型号 STM32L052，双击"选中"芯片，如图 1-33 所示。

3. 工程配置

在上一步"选中"芯片之后，弹出芯片工程配置界面，如图 1-34 所示。

（1）依次点击"Project → Settings"，弹出"Project Settings"设置窗口，如图 1-35 所示。

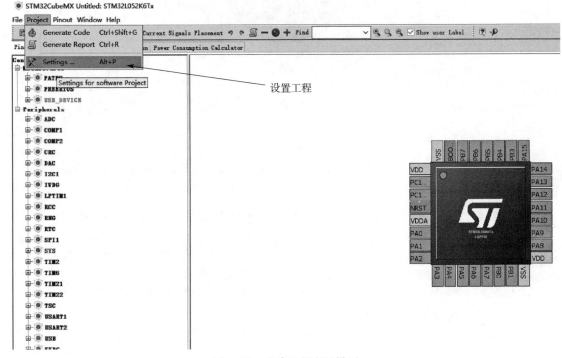

图 1-34　芯片工程配置界面

（2）在弹出的"Project Settings"设置窗口中有 3 个选项卡。

1）Project 工程设置：这个选项是主要设置的选项。

2）Code Generator 代码生成配置：这个选项是关于代码生成的配置。如拷贝 HAL 库的配置、生成 .c 和 .h 的配置（一般不用修改，默认配置）。

3）Advanced Settings 高级设置：这个选项在配置芯片（引脚功能）之后才能设置。

（3）这里需要重点介绍一下 Project 工程设置。该选项卡的相关选项是配置工程的重要选项，其中配置的信息也比较重要，且容易理解，设置之后单击"Ok"按钮，如图 1-36 所示。

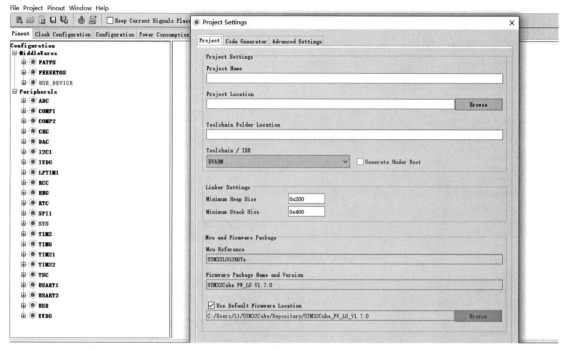

图 1-35　"Project Settings" 设置窗口的 3 个选项卡

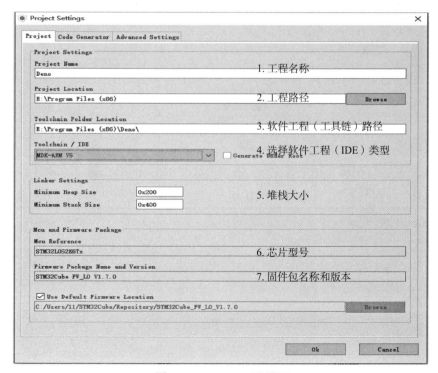

图 1-36　Project 工程设置

（4）Pinout 配置。这里以配置 PB0 引脚驱动 LED 为例进行介绍。

1）滑动鼠标滚轮可放大或缩小芯片图形，找到 PB0 端口。

2）单击"PB0"引脚，在弹出的窗口中选择"GPIO_Output"，如图 1-37 所示。

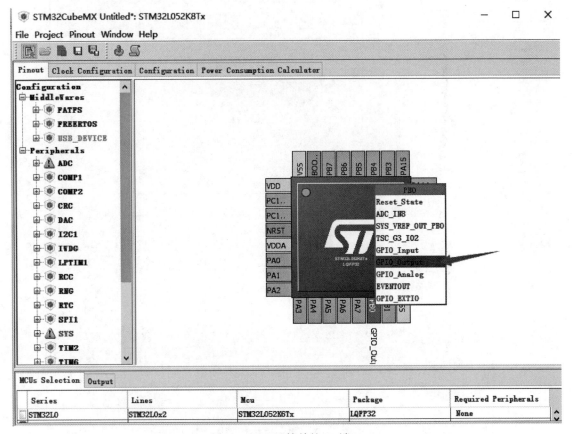

图 1-37 配置简单的 IO 端口

3）配置"晶振"引脚（RCC 配置），依次选择"RCC–LSE–Crystal"如图 1-38 所示。

如果使用"外部晶振"，还需要继续配置，以配置 HSE 为例，包含三个配置：HSE 外部高速时钟、LSE 外部低速时钟、MCO 时钟输出。

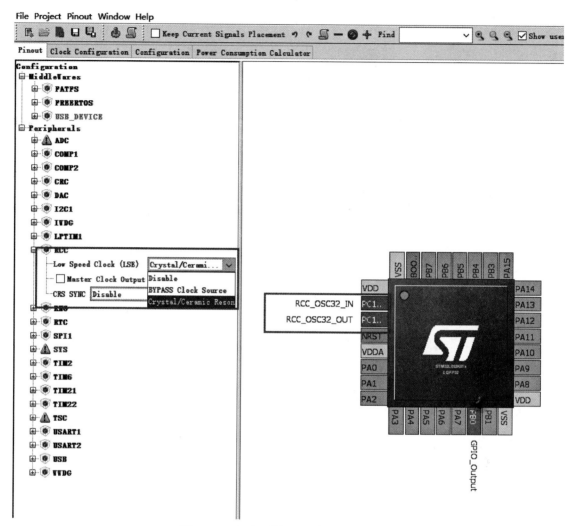

图 1-38　配置"晶振"引脚（RCC 配置）

（5）"综合"配置

1）单击"Configuration"选项卡，出现如图 1-39 所示的综合配置界面。

2）单击"GPIO"，弹出配置对话框，如图 1-40 所示。单击选择"PB0"引脚，按照步骤依次填写完信息，单击"Ok"按钮完成 PB0 引脚配置。

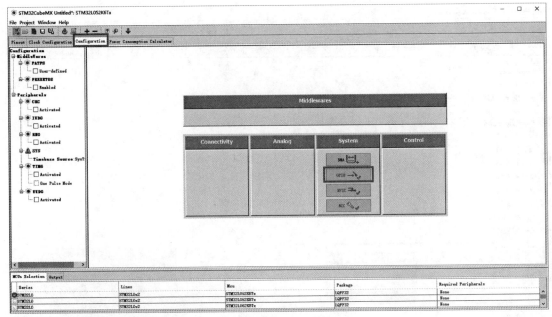

图 1-39　综合配置界面

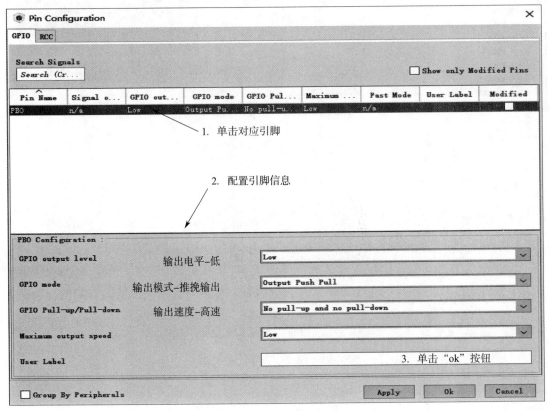

图 1-40　配置 PB0 引脚

（6）生成代码

1）完成前面所有配置之后，单击"生成代码"图片按钮，如图1-41所示。

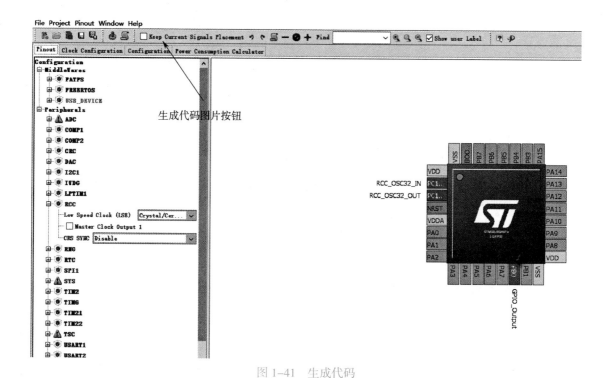

图1-41 生成代码

2）最后提示程序代码已经生成，单击"Open Project"按钮，打开软件工程，如图1-42所示。

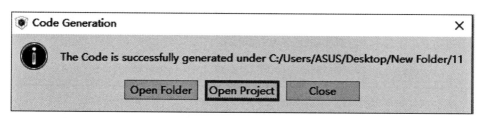

图1-42 生成代码

（7）编译下载

打开软件工程后，编译没有错误，没有警告，下载，程序运行，如图1-43所示。

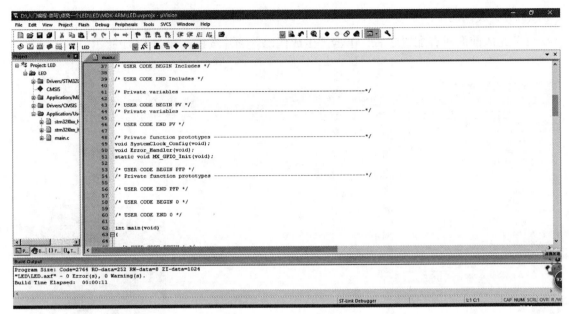

图 1-43 编译下载

任务自评

在完成以上任务之后，可根据以下评分标准来检查自己的学习情况。

项目内容	评分点	配分	自评分值
软件安装应用	Keil MDK-ARM5 安装	25	
	STM32CubeMX 安装	25	
	STM32CubeMX 建立工程	30	
	STM32CubeMX 引脚配置	20	
合　计		100	

第二篇

基础篇

任务二
发光二极管应用

学习目标

1. 运用 STM32CubeMX 软件建立一个项目文件。

2. 使用 STM32L052 主控板及发光二极管 LED（Light Emitting Diode）实训板组建一个 LED 灯控制系统。

3. 用 C 语言编写程序并调试出任务要求的效果。

任务描述

应用 STM32L052 主控板及 LED 实验板组建一个 LED 灯控制系统，通过编写程序，实现点亮 LED 实验板上的 LED1 发光二极管。其中 STM32L052 主控板如图 2-1 所示，LED 实训板如图 2-2 所示，LED1 显示电路原理图如 2-3 所示。

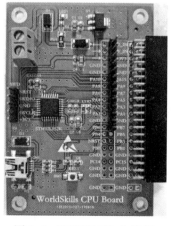

图 2-1　STM32L052 主控板

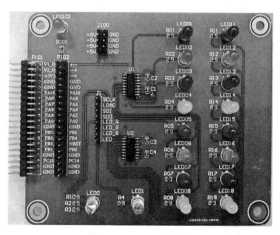

图 2-2　LED 实验板

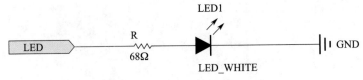

图 2-3 LED 显示电路原理图 *

知识准备

一、描述 LED 的内部结构。

二、STM32L052 芯片有哪些引脚，各自有哪些功能？

三、理解 STM32L052 时钟系统原理。

任务实施

一、任务分析

由 LED 显示电路原理图可知，要让发光二极管 LED1 点亮，需要用杜邦线将 LED 实训板上的"LED"插针连接到"PB0"插针上。当引脚 PB0 为高电平即可点亮 LED1；反之，引脚 PB0 为低电平时 LED1 熄灭。程序中用"0"表示低电平，用"1"表示高电平，因此让发光二极管点亮，只要将值"1"赋给嵌入式芯片对应的引脚即可。同理，让发光二极管熄灭，只要将值"0"赋给嵌入式芯片对应的引脚即可。

二、任务具体实施

1. 发光二极管显示硬件连接

根据前面的分析，在主控板和 LED 实验板上接线示意图如图 2-4 所示，实物接线图如图 2-5 所示。

---

*：为与世界技能大赛电子技术项目试题材料一致，本书电子元器件图形符号采用世界技能大赛使用的标准图形符号。世界技能大赛采用的元器件图形符号与国家标准元器件图形符号对照见附录。

图 2-4 点亮发光二极管接线示意图

图 2-5 点亮发光二极管实物接线图

2. 发光二极管显示软件编程

(1) 建立工程

使用 STM32CubeMX 建立工程，任务一中已经讲过，这里不再赘述。

(2) 主程序流程图

主程序流程图如图 2-6 所示。

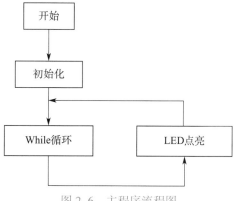

图 2-6 主程序流程图

（3）源程序代码

下面是主要程序代码，有些程序代码此处没有列出，其中重点的程序代码都做了注释。

```
int main(void)
{
    HAL_Init();                    //STM32 初始化
    SystemClock_Config();          // 时钟初始化
    MX_GPIO_Init();                // 引脚初始化
    while (1)                      //while 循环括号内程序
    {
    HAL_GPIO_WritePin(GPIOB,GPIO_PIN_0,GPIO_PIN_SET); //LED 高电平点亮
    }
}
                                   //STM32CubeMX 软件生成代码注释
static void MX_GPIO_Init(void)     // 引脚初始化函数
{
    GPIO_InitTypeDef  GPIO_InitStruct;
    __HAL_RCC_GPIOB_CLK_ENABLE();                   // 引脚 B 时钟使能
    GPIO_InitStruct.Pin=GPIO_PIN_0;                 // 引脚 B 的 0 口
    GPIO_InitStruct.Mode=GPIO_MODE_OUTPUT_PP;       // 引脚为推挽输出
    GPIO_InitStruct.Pull=GPIO_PULLDOWN;             // 引脚为下拉   高电平有效
    GPIO_InitStruct.Speed=GPIO_SPEED_FREQ_HIGH;     // 运行速度为高速
    HAL_GPIO_Init(GPIOB, &GPIO_InitStruct);         // 端口 B 初始化
}
```

3. 实验结果

经过程序的调试、编译，下载到STM32主控板，并连接到实验板，实训效果如图2-7所示。

图 2-7　实训效果图

任务自评

在完成上面的任务之后，根据以下评分标准来检查自己的学习情况。

项目内容	评分点	配分	自评分值
发光二极管控制	主程序流程设计图正确	20	
	程序编写正确	30	
	实物接线正确	20	
	LED 灯显示效果正确	30	
合　计		100	

知识扩展

一、发光二极管

发光二极管 LED 是一种固态的半导体器件，它可以把电能转化为光能。LED 的核心是一个半导体晶片，一端是负极，另一端连接电源的正极，其中一端附在一个支架上，整个晶片被环氧树脂封装起来，实物如图 2-8 所示。

发光二极管的管芯结构与普通二极管相似，由一个 PN 结构成。当在发光二极管 PN 结上加正向电压时，空间电荷层变窄，载流子扩散运动大于漂移运动，致使 P 区的空穴注入 N 区，N 区的电子注入 P 区。当电子和空穴复合时会产生能量并以发光的形式释放出来。

图 2-8　LED 实物图

二、STM32 时钟源

STM32 有 6 个时钟源，分别是 HSI、HSE、LSI、MSI、PLL、RC。

1. HSI 是高速内部时钟，由 RC 振荡器产生频率为 16 MHz 的信号，精度不高。可以直接作为系统时钟或者用作 PLL 时钟输入。

2. HSE 是高速外部时钟，可接石英 / 陶瓷谐振器，或者接外部时钟源，频率范围为 4 ~ 26 MHz。

3. LSI 是低速内部时钟，由 RC 振荡器产生频率为 37 kHz 的信号，提供低功耗时钟，LSI 主要可以作为 IWDG（internal watchdog，内部看门狗）时钟，LPTIMER（low power timer，低功耗定时器）时钟以及 RTC（real-time clock）时钟。

4. MSI 是 L 系列独具的，产生于内部的可选择的时钟源，能提供 12 种不同频率，分别为：100 kHz，200 kHz，400 kHz，800 kHz，1 MHz，2 MHz，4 MHz（默认值），8 MHz，16 MHz，24 MHz，32 MHz 和 48 MHz。既可以选择为系统主系统时钟，也可以作为 PLL 源，经倍频后选择作为系统的主系统时钟。选择 MSI，系统的工作时钟选择范围更广，从而为低功耗提供更多选择。

5. PLL 为锁相环倍频输出，PLL 由 HSE 或者 HIS（内部 16 MHz）提供时钟信号，并具有两个不同的输出时钟，第一个输出 PLL 用于生成高速的系统时钟（最高 32 MHz），第二个输出 PLL 为 48 M 时钟，用于 USB OTG FS 时钟、随机数发生器的时钟。

6. RC 为 USB 和 RNG（random number generator，随机数生成器）提供时钟。系统时钟 SYSCLK 可来源于四个时钟源，分别是：HSI 振荡器时钟（内部 16 MHz），HSE 振荡器时钟（外部晶体振荡器），PLL 时钟，MSI RC 内部振荡时钟。STM32L052 时钟信号输出 MCO（microcontroller clock output，微控制器时钟输出）（PA8），MCO：用户可以对时钟配置寄存器 RCC_CFGR（第 27 到 24 位）向 MCO 引脚 PA8 输出 8 个不同的时钟源，分别是 LSE、LSI、HSE、HSI16、PLLCLK、SYSCLK、MSI、HIS48。另外，任何一个外设在使用之前，必须首先使能其相应的时钟。RCC 时钟控制相关寄存器定义在 stm32l053xx.h 文件中。RCC 时钟相关定义和函数在文件 stm32l0xx_hal_rcc.h 和 stm32l0xx_hal_rcc.c 中。

三、GPIO 介绍

GPIO（general purpose intput output）是通用输入输出端口，可以做输入，也可以做输出。GPIO 端口可通过程序配置成输入或者输出。STM32 的引脚中，有一部分是作 GPIO 使用，另一部分是电源引脚、复位引脚、启动模式引脚、晶振引脚、调试下载引脚。

如图 2-9 所示，STM32L052X 一共有 3 组 IO：PA、PB、PC 端口。其中 PA 有 16 个 IO 端口，PB 有 7 个 IO 端口，PC 有 2 个 IO 端口，其他引脚作为电源和接地应用。

STM32 的大部分引脚除了当 GPIO 使用外，还可以复用为外设功能，这部分知识会在后面讲解，可以查看 STM32 芯片数据手册学习 GPIO 每个引脚的功能。

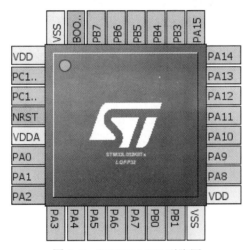

图 2-9　STM32L052X 引脚图

GPIO 有 8 种工作模式，包括 4 种输入模式和 4 种输出模式。

4 种输入模式分为输入浮空、输入上拉、输入下拉、模拟输入。

4 种输出模式（带上下拉）分为开漏输出（带上拉或者下拉）、开漏复用功能（带上拉或者下拉）、推挽式输出（带上拉或者下拉）、推挽式复用功能（带上拉或者下拉）。

其中推挽输出可以输出强高低电平，连接数字器件。开漏输出只能输出低电平，高电平需要外部电阻拉高，输出端相当于三极管的集电极，要得到高电平状态，就需要上拉电阻，适于做电流型的驱动，其吸收电流的能力相对较强（一般为 20 mA 以内）。

每组 GPIO 端口的寄存器包括：

一个端口模式寄存器用 GPIOx_MODER 表示（x=A、B、C，下面 8 个相同）

一个端口输出类型寄存器用 GPIOx_OTYPER 表示

一个端口输出速度寄存器用 GPIOx_OSPEEDR 表示

一个端口上拉下拉寄存器用 GPIOx_PUPDR 表示

一个端口输入数据寄存器用 GPIOx_IDR 表示

一个端口输出数据寄存器用 GPIOx_ODR 表示

一个端口置位 / 复位寄存器用 GPIOx_BSRR 表示

一个端口配置锁存寄存器用 GPIOx_LCKR 表示

两个复用功能寄存器用低位 GPIOx_AFRL&GPIOx_AFRH 表示

思考练习

如何应用以上电路模块实现 LED 循环闪烁。

任务三
数码管模块应用

学习目标

1. 运用 STM32CubeMX 软件建立一个项目文件。
2. 使用 STM32L052 主控板及数码管实验板组建一个数码管显示系统。
3. 用 C 语言编写程序并调试出任务要求的效果。

任务描述

应用 STM32L052 主控板及数码管实验板组建一个模拟时钟，模拟时钟显示方式为 8 个数码管从左往右第一、二位显示小时，第四、五位显示分钟，第七、八位显示秒，第三、六位显示 "−"，数码管从最低位开始每隔 5 s 向高位移动一位，逐位显示 0、1、2、3、4、5、6、7、8、9。STM32L052 主控板如图 2-1 所示，数码管显示实验板如图 3-1 所示，数码管显示电路原理图如图 3-2 所示。

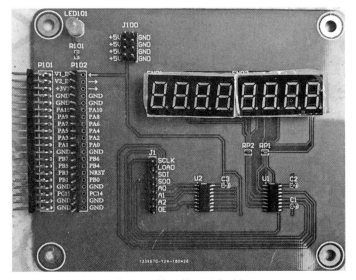

图 3-1 数码管显示实验板

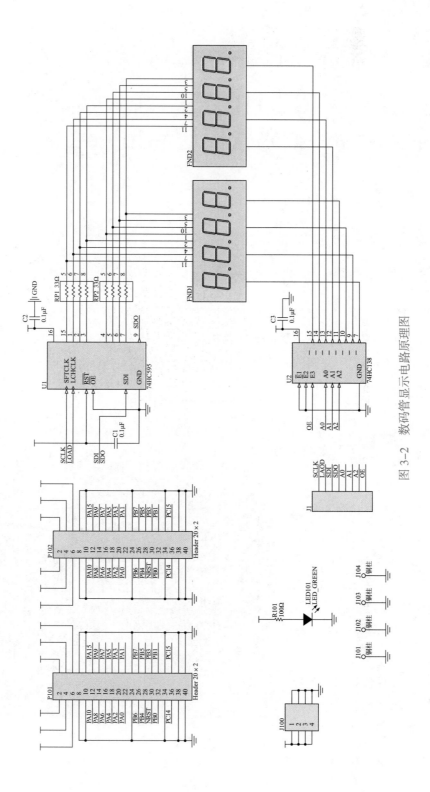

图 3-2　数码管显示电路原理图

知识准备

一、理解数码管的内部结构、显示数字的段码数组。

二、STM32L052 芯片有哪些引脚，各自有哪些功能？

任务实施

一、任务分析

为了完成上述任务，画出数码管硬件端口连接方框图，然后先控制数码管的段码，再控制数码管的位码，再综合段码和位码进行显示。

1. 为了点亮数码管需要控制两块芯片，一块是 74HC138 译码器芯片，另一块是 74HC595 锁存移位寄存器芯片。

2. 为了控制数码管的位码端，74HC138 译码器的 A0 数据口接嵌入式处理器 PB7 口，A1 数据口接嵌入式处理器 PB5 口，A2 数据口接嵌入式处理器 PB3 口，OE 数据口接嵌入式处理器 PB1 复位口，A0、A1、A2 端口依次循环发送数据 '1'，即循环使 Y0 ~ Y7 的某一位拉高，使能该位数码管 LED 灯的公共端。

3. 为了控制 74HC595 锁存移位寄存器，寄存器的 SCLK 时钟端口接嵌入式处理器 PA6 口，输出寄存器时钟端口 LOAD 接嵌入式处理器 PA4 口，数据输入端口 SDI 接嵌入式处理器 PA2 口，从 SDI 每输入一位数据，串行输入时钟 SCLK 上升沿有效一次，直到八位数据输入完毕，输出寄存器时钟 LOAD 上升沿有效一次，此时，输入的数据就被全部送到了输出端。

二、任务具体实施

1. 数码管显示硬件连接

根据前面的分析，主控板和数码管实验板接线方框图如图 3-3 所示，实物接线图如图 3-4 所示。

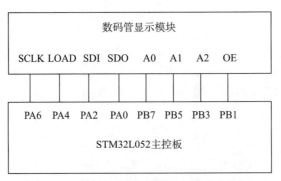

图 3-3　主控板和数码管实验板接线方框图

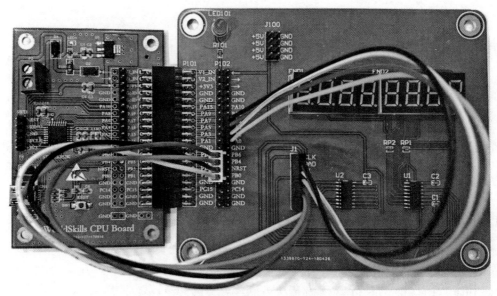

图 3-4　主控板和数码管显示实验板接线图

2. 数码管显示软件编程

（1）使用 STM32CubeMX 建立工程

前面讲过 STM32CubeMX 建立工程，这里不再赘述。

（2）主程序流程图

主程序流程图如图 3-5 所示。

3. 源程序代码

下面是主要程序代码，有些程序代码这里没有列出，其中重点的程序代码都做了注释，类似的程序代码只做一次注释。

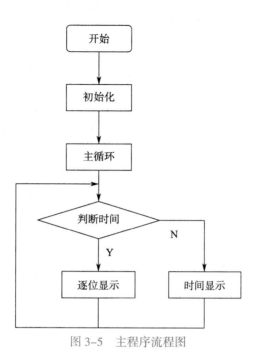

图 3-5　主程序流程图

uint8_t dat[11]={ // 共阴极数码管数组定义

0xc0,0xf9,0xa4,0xb0,0x99,0x92,0x82,0xf8,0x80,0x90,0xbf};

// 分别为数码管的对应数字 0, 1,2,3,4,5,6,7,8,9,– 的段码。

uint8_t hh=0,mm=0,ss=0; // 时间变量　hh 表示时，mm 表示分，ss 表示秒，

/* 主程序代码 */

```
int main(void)
{
    HAL_Init();                 //STM32 初始化
    SystemClock_Config();       // 时钟初始化
    MX_GPIO_Init();             // 引脚初始化
    while (1)
    {
if((ss%10)>5)  SMG_F1()；// 功能 1：逐位检测（5 秒向高位移动一位）
        else  SMG_F2();         // 功能 2：时间显示（显示 5 秒）
    }
}
```

//STM32CubeMX 软件生成代码注释

```
static void MX_GPIO_Init(void)
{
        GPIO_InitTypeDef GPIO_InitStruct; // 引脚初始化函数
        __HAL_RCC_GPIOA_CLK_ENABLE(); // 引脚 A 时钟使能
        __HAL_RCC_GPIOB_CLK_ENABLE(); // 引脚 B 时钟使能
        HAL_GPIO_WritePin(GPIOA,SDI_Pin|LOAD_Pin|SCLK_Pin,GPIO_PIN_RESET);  // SDI_Pin
是数据输入端口，LOAD_Pin 是输出寄存器时钟端口，SCLK_Pin 是时钟端口，GPIO_PIN_
RESET 是端口复位
        HAL_GPIO_WritePin(GPIOB,OE_Pin|A2_Pin|A1_Pin|A0_Pin,GPIO_PIN_RESET); // A2_Pin、
A1_Pin、A0_Pin 分别是 74HC138 位码端口 3、2、1 口，OE_Pin 是选通端
GPIO_InitStruct.Pin = SDI_Pin|LOAD_Pin|SCLK_Pin; // 初始化具体控制端口
GPIO_InitStruct.Mode = GPIO_MODE_OUTPUT_PP; // 端口模式是推挽输出
        GPIO_InitStruct.Pull = GPIO_NOPULL;        // 端口状态是浮空
        GPIO_InitStruct.Speed = GPIO_SPEED_FREQ_LOW; // 端口速度是低速
        HAL_GPIO_Init(GPIOA, &GPIO_InitStruct); // 端口 A 初始化

GPIO_InitStruct.Pin = OE_Pin|A2_Pin|A1_Pin|A0_Pin; // 初始化具体控制端口
GPIO_InitStruct.Mode = GPIO_MODE_OUTPUT_PP; // 端口模式是推挽输出
        GPIO_InitStruct.Pull = GPIO_NOPULL;        // 端口状态是浮空
        GPIO_InitStruct.Speed = GPIO_SPEED_FREQ_LOW; // 端口速度是低速
        HAL_GPIO_Init(GPIOB, &GPIO_InitStruct); // 端口 B 初始化
        }

/* 功能 1：逐位检测 */
void SMG_F1(void)
{
   Static uint16_t i=0;
   Static uint8_t  j=0,wei=0;
   i++;
   if(i>=5000)  // 延时
{
     i=0;j++;
```

```
        if(j>=10)   //0~9 显示
        {
            j=0;wei=(wei+1)%8; // 数字加到 9 时进一位
        }
    }
    HC595(~dat[j]); // 数码管段选（共阳数码管需要数据取反）
    HC138(wei);   // 位选
}
void HC138(uint8_t wei)  // 数码管位选方式 1（位处理）
{
    HAL_GPIO_WritePin(GPIOB, OE_Pin , GPIO_PIN_SET); //OE 是使能位开
    if((wei)&0x01)
    // 数据第一位，第一位数据乘以 1 等于 1 时就输出高电平 '1'，否则输出低电平 '0'
    { HAL_GPIO_WritePin(GPIOB, A0_Pin , GPIO_PIN_SET); }
        else { HAL_GPIO_WritePin(GPIOB, A0_Pin , GPIO_PIN_RESET); }
    if((wei)&0x02)
    // 数据第二位，第二位数据乘以 1 等于 1 时就输出高电平 '1'，否则输出低电平 '0'
    { HAL_GPIO_WritePin(GPIOB, A1_Pin , GPIO_PIN_SET); }
        else{HAL_GPIO_WritePin(GPIOB, A1_Pin , GPIO_PIN_RESET);}
    if((wei)&0x04)
    // 数据第三位，第三位数据乘以 1 等于 1 时就输出高电平 '1'，否则输出低电平 '0'
    { HAL_GPIO_WritePin(GPIOB, A2_Pin , GPIO_PIN_SET); }
        else { HAL_GPIO_WritePin(GPIOB, A2_Pin , GPIO_PIN_RESET);}
}
/*74HC595 数码管段选芯片 */
void HC595(uint8_t DATA)
{
    uint8_t i=0;
    for(i=0;i<8;i++)
    {
if( ( (DATA>>7)&1 ) == 1) // 数据右移 7 位到最低位再与 1 相乘，判断结果是否为 1
        {
```

```
        HAL_GPIO_WritePin(GPIOA, SDI_Pin , GPIO_PIN_SET);
        // 如果为 1 就输出高电平 '1'
    }
    else
    {
        HAL_GPIO_WritePin(GPIOA, SDI_Pin , GPIO_PIN_RESET);
        // 如果为 0 就输出低电平 '0'
    }
        DATA <<= 1; // 数据左移一位，判断下一位
        HAL_GPIO_WritePin(GPIOA, SCLK_Pin, GPIO_PIN_SET);
        HAL_GPIO_WritePin(GPIOA, SCLK_Pin, GPIO_PIN_RESET);
    // 先输出高电平，再输出低电平，模拟时钟信号
    }
    HAL_GPIO_WritePin(GPIOA, LOAD_Pin , GPIO_PIN_SET);
    HAL_GPIO_WritePin(GPIOA, LOAD_Pin , GPIO_PIN_RESET);
    // 8 位数据并行输出
}
/* 功能 2：时间显示 */
void SMG_F2(void)
{
    uint8_t a0[8] ,j=0; // 定义 8 个数组，表示 8 个数码管
    a0[0]=ss%10;
    a0[1]=ss/10%10; // 显示秒
    a0[2]=10;       // 显示 "一"
    a0[3]=mm%10;
    a0[4]=mm/10%10; // 显示分
    a0[5]=10;       // 显示 "一"
    a0[6]=hh%10;
    a0[7]=hh/10%10; // 显示时
    for(j=0;j<8;j++) // 通过 8 次循环输出段码数据和位码数据
    {
        HC595(~dat[a0[j]]); // 数码管段选（共阳数码管数据取反）
```

```
        HC138(j);      // 位选

        delay_us(100); // 短延时

        HC595(0x00); // 数码管段选（消影）

        HAL_GPIO_WritePin(GPIOB, OE_Pin , GPIO_PIN_RESET); //OE 位清除（消影）

    }

}
/* 滴答时钟使用，做时钟加载器 */
void HAL_SYSTICK_Callback(void)
{
        static uint16_t i=0;     // 变量

    i++;

    if(i>= 1000)  // 循环 1000 次相当于延时 1s

    {

        i=0; ss++; // 秒加 1

        if(ss>=60)

        {

        ss=0;mm++; // 分加 1

        if(mm>=60)

        {

            mm=0;hh++; // 时加 1

            if(hh>=24) hh=0;

            }

        }

    }

}
```

4. 实验结果

经过程序的调试、编译，下载到 STM32L052 主控板，在数码管上显示时钟和数字，为了后续相关实验的需要，在 STM32L052 主控板和数码管实验板中间连接系统扩展转接板（系统扩展转接板仅为输出引脚端口数目的扩展，不影响相关使用效果），数字显示效果如图 3-6 所示，时钟显示效果如图 3-7 所示。

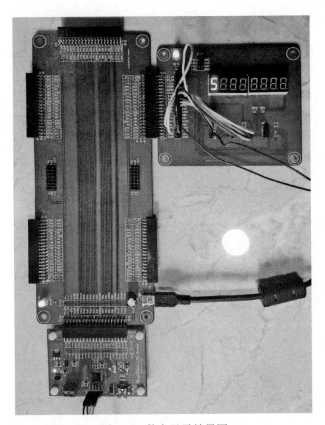

图 3-6　数字显示效果图

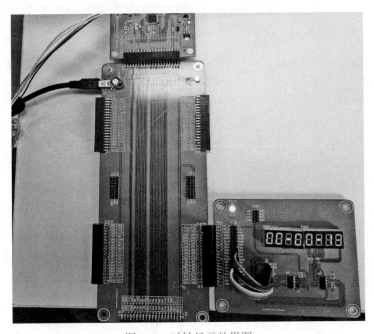

图 3-7　时钟显示效果图

任务自评

在完成上面的任务之后，根据以下评分标准来检查自己的学习情况。

项目内容	完成要求	分值	自评分值
数码管模块应用	主程序流程设计正确	20	
	程序编写正确	30	
	实物接线正确	20	
	数码管调试程序正确	30	
合　计		100	

知识扩展

一、数码管简介

数码管（LED Segment Displays）是一种半导体发光器件，其基本单元是发光二极管。数码管实际上是由七个发光管组成"8"字形而构成的，加上小数点就是 8 个发光管。"8"字形的各段分别由 a，b，c，d，e，f，g 表示，小数点由 dp 表示。数码管如图 3-8 所示。

1 位数码管　　　　3 位数码管

2 位数码管　　　　4 位数码管

图 3-8　数码管

数码管是由多个发光二极管封装在一起组成"8"字形的器件，二极管的引线已在内部连接完成，只需引出它们的各个笔划（段）及公共电极，即可实现硬件的连接。数码管常用段数一般为 7 段，有的另加一个小数点。

数码管根据 LED 的接法不同分为共阴极和共阳极两类，共阴和共阳极数码管内部电路的发光原理是一样的，只是它们的电源极性不同而已。了解 LED 的这些特性，对编程是很必要的，因为不同类型的数码管，除了硬件电路有差异外，它们的编程方法也是不同的。

二、74HC595 工作原理

74HC595 是 8 位串行输入 / 输出或者并行输出移位寄存器，兼容低电压 TTL 电路，具有高阻关断状态。它的特点是：8 位串行输入、8 位串行或并行输出、存储器有三种状态，输出寄存器可直接清零、100MHz 移位频率，一般应用于串行到并行的数据转换。数据在 SCK 的上升沿输入，在 RCK 的上升沿进入存储寄存器中。如果两个时钟连在一起，则移位寄存器总是比存储寄存器早一个脉冲。移位寄存器有一个串行移位输入（SCK）、一个串行输出（Q'_H）和一个异步的低电平复位，存储寄存器有一个并行 8 位的具备三态的总线输出。每当 SCK 上升沿到来时，SCK 引脚当前电平值在移位寄存器中左移一位，在下一个上升沿到来时移位寄存器中的所有位都会向左移一位，同时 Q'_H 也会串行输出移位寄存器中高位的值，这样连续进行 8 次，就可以把数组中每一个数（8 位的数）送到移位寄存器。然后当 RCK 上升沿到来时，移位寄存器的值将会被锁存到锁存器里，并从 QA ~ QH 引脚输出。如图 3-9 所示为 74HC595 芯片引脚图，74HC595 芯片真值表见表 3-1。

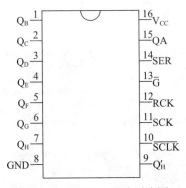

图 3-9　74HC595 芯片引脚图

表 3-1　　　　　　　　　　　　　　　74HC595 芯片真值表

PCK	SCK	$\overline{SCLK}$	$\overline{G}$	功能
×	×	×	高	状态保持
×	×	低	低	状态保持

续表

PCK	SCK	$\overline{SCLK}$	$\overline{G}$	功能
×	↑	高	低	移位寄存器时钟使数据移位，$Q_N=Q_{N-1}$，$Q_0=SER$
↑	×	高	低	移位寄存器传输到输出锁存器

思考练习

使用数码管显示当前日期（年月日）。

任务四
矩阵键盘模块应用

学习目标

1. 会用 STM32CubeMX 软件建立一个项目文件。
2. 使用 STM32L052 主控板及 4×4 矩阵键盘实验板组建一个键盘操作控制系统。
3. 用 C 语言编写程序并调试出任务要求的效果。

任务描述

应用 STM32L052 主控板及 4×4 矩阵键盘实验板组建一个键盘操作控制系统，通过编写程序，操作 4×4 矩阵键盘实训板上的矩阵按键，在数码管显示模块上显示出按键对应的数值。STM32L052 主控板如图 2-1 所示，4×4 矩阵键盘实验板如图 4-1 所示，4×4 矩阵键盘电路原理图如图 4-2 所示。

图 4-1　4×4 矩阵键盘实验板

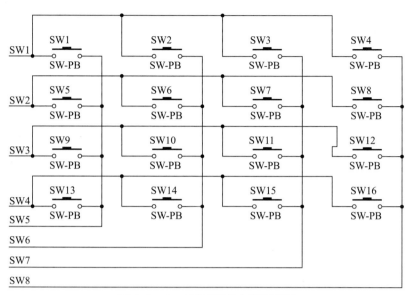

图4-2 4×4矩阵键盘电路原理图

知识准备

一、如何理解4×4矩阵键盘的控制方式?

二、如何消除键盘的抖动?

三、简述矩阵键盘和数码管的综合应用。

任务实施

一、任务分析

为了完成上述任务,先画出4×4矩阵键盘任务端口接线图。控制4×4矩阵键盘,需要分析行数据和列数据,对4位行数据口给低电平,然后对列数据口给高电平。检测列数据的状态，若所有列数据均为高电平，则键盘中没有按键被按下。只要有某一列数据为低电平，则表示键盘该列有按键被按下。采集的低电平再通过算法，计算出按键的位置。

二、任务具体实施

1. 矩阵键盘硬件电路连接

根据前面的分析，4×4 矩阵键盘线路接线方框图如图 4-3 所示，实物图接线如图 4-4 所示。

2. 矩阵键盘软件编程

（1）使用 STM32CubeMX 建立工程

前面讲过 STM32CubeMX 建立工程，这里不再赘述。

（2）主程序流程图

主程序流程图如图 4-5 所示。

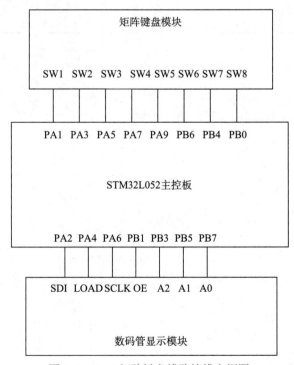

图 4-3　4×4 矩阵键盘线路接线方框图

图 4-4 4×4 矩阵键盘线路实物接线图

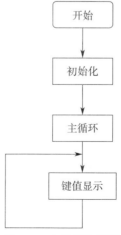

图 4-5 主程序流程图

（3）源程序代码

下面是主要程序代码，有些程序代码这里没有列出，其中重点的程序代码都做了注释，类似的程序代码只做一次注释。

```
/* 主程序代码 */
int main(void)
{
    HAL_Init();                  //STM32 初始化
    SystemClock_Config();   // 时钟初始化
    MX_GPIO_Init();         // 引脚初始化
    Init_Buttons();             // 按键端口初始化
    while (1)  //while 循环括号内程序
    {
        SMG_F2( ); // 功能 2：时间显示 , 并显示按键数值
    }
}
 /* 端口初始化 */
void Init_Buttons(void)
{
    HAL_GPIO_WritePin(GPIOB,SW6_Pin|SW7_Pin|SW8_Pin,GPIO_PIN_SET); // 列数据置为
高电平
    HAL_GPIO_WritePin(GPIOA, SW5_Pin , GPIO_PIN_RESET); // 第一列数据置为低电平
    HAL_GPIO_WritePin(GPIOA,SW3_Pin|SW4_Pin|SW2_Pin|SW1_Pin,GPIO_PIN_RESET); //
行数据置为低电平
    GPIO_InitStruct.Pin = SW8_Pin|SW6_Pin|SW7_Pin; // 采集列数据
    GPIO_InitStruct.Mode = GPIO_MODE_INPUT; // 端口为输入状态
    GPIO_InitStruct.Pull = GPIO_PULLUP; // 端口浮空
    GPIO_InitStruct.Speed = GPIO_SPEED_FREQ_LOW; // 端口速度为低速
    HAL_GPIO_Init(GPIOB, &GPIO_InitStruct); // 端口配置
    GPIO_InitStruct.Pin = SW5_Pin;
    GPIO_InitStruct.Mode = GPIO_MODE_INPUT; // 输入模式
    GPIO_InitStruct.Pull = GPIO_PULLUP;
    GPIO_InitStruct.Speed = GPIO_SPEED_FREQ_LOW;
```

```
    HAL_GPIO_Init(GPIOA, &GPIO_InitStruct);
    GPIO_InitStruct.Pin = SW3_Pin|SW4_Pin|SW2_Pin|SW1_Pin; // 输出
    GPIO_InitStruct.Mode = GPIO_MODE_OUTPUT_PP;
    GPIO_InitStruct.Pull = GPIO_PULLUP;
    GPIO_InitStruct.Speed = GPIO_SPEED_FREQ_LOW;
    HAL_GPIO_Init(GPIOA, &GPIO_InitStruct);
}
/* 矩阵按键驱动 */
#include "buttons4_4.h" // 添加头文件
extern  GPIO_InitTypeDef  GPIO_InitStruct; // 声明端口结构体
/* 端口初始化 */
void Init_Buttons(void)
{
    HAL_GPIO_WritePin(GPIOB,SW6_Pin|SW7_Pin|SW8_Pin,GPIO_PIN_SET); // 列数据置高
电平
    HAL_GPIO_WritePin(GPIOA, SW5_Pin , GPIO_PIN_RESET); // 第一列置低电平
    HAL_GPIO_WritePin(GPIOA,SW3_Pin|SW4_Pin|SW2_Pin|SW1_Pin,GPIO_PIN_RESET); //
行数据置为低电平
    GPIO_InitStruct.Pin = SW8_Pin|SW6_Pin|SW7_Pin;   // 采集列数据
    GPIO_InitStruct.Mode = GPIO_MODE_INPUT;
    GPIO_InitStruct.Pull = GPIO_PULLUP;
    GPIO_InitStruct.Speed = GPIO_SPEED_FREQ_LOW;
    HAL_GPIO_Init(GPIOB, &GPIO_InitStruct);

    GPIO_InitStruct.Pin = SW5_Pin;
    GPIO_InitStruct.Mode = GPIO_MODE_INPUT;    // 采集列数据
    GPIO_InitStruct.Pull = GPIO_PULLUP;
    GPIO_InitStruct.Speed = GPIO_SPEED_FREQ_LOW;
    HAL_GPIO_Init(GPIOA, &GPIO_InitStruct);

GPIO_InitStruct.Pin = SW3_Pin|SW4_Pin|SW2_Pin|SW1_Pin;  // 输出行数据
    GPIO_InitStruct.Mode = GPIO_MODE_OUTPUT_PP;
```

```
    GPIO_InitStruct.Pull = GPIO_PULLUP;

    GPIO_InitStruct.Speed = GPIO_SPEED_FREQ_LOW;

    HAL_GPIO_Init(GPIOA, &GPIO_InitStruct);

}
/* 按键采集函数（调用函数名）*/

uint16_t Read_Buttons(void)

{

    uint16_t ButtonNumber = 0;

    uint8_t m,n;

    HAL_GPIO_WritePin(GPIOA,SW3_Pin|SW4_Pin|SW2_Pin|SW1_Pin,GPIO_PIN_RESET);
// 行数据输出置为低电平，采集低电平信号

    if(HAL_GPIO_ReadPin(SW5_GPIO_Port,SW5_Pin)==0||HAL_GPIO_ReadPin(SW7_GPIO_
Port,SW7_Pin) == 0 ||

    HAL_GPIO_ReadPin(SW6_GPIO_Port,SW6_Pin)==0||HAL_GPIO_ReadPin(SW8_GPIO_
Port,SW8_Pin) == 0)

    {    // 有数据，就进入

    for(m = 0;m < 4;m++)   // 发送行数据

    {

        if(m == 0)

HAL_GPIO_WritePin(GPIOA,SW1_Pin,GPIO_PIN_RESET); // 第一行置 0，其他行为高电平
HAL_GPIO_WritePin(GPIOA,SW3_Pin|SW4_Pin|SW2_Pin, GPIO_PIN_SET);

        }

        else if(m == 1)

        {

    HAL_GPIO_WritePin(GPIOA,SW2_Pin, PIO_PIN_RESET); // 第二行置 0，其他行为高电平
HAL_GPIO_WritePin(GPIOA,SW3_Pin|SW4_Pin|SW1_Pin, GPIO_PIN_SET);

        }

        else if(m == 2)

        {

HAL_GPIO_WritePin(GPIOA,SW3_Pin, GPIO_PIN_RESET); // 第三行置 0，其他行为高电平
HAL_GPIO_WritePin(GPIOA, SW1_Pin|SW4_Pin|SW2_Pin, GPIO_PIN_SET);

        }
```

```
        else if(m == 3)
        {
            HAL_GPIO_WritePin(GPIOA, SW4_Pin, GPIO_PIN_RESET);
//第四行置0，其他行为高电平
HAL_GPIO_WritePin(GPIOA, SW3_Pin|SW1_Pin|SW2_Pin, GPIO_PIN_SET);
        }
        for(n = 0;n < 4;n++) //列采集，行信号为低电平
        {
        if(n==0)
        {
if(HAL_GPIO_ReadPin(SW5_GPIO_Port,SW5_Pin) == 0) //读第一列信号
            ButtonNumber = n+ m * 4+1;
        }
            else if(n==1)
            {
if(HAL_GPIO_ReadPin(SW6_GPIO_Port,SW6_Pin) == 0)  //读第二列信号
            ButtonNumber = n+ m * 4+1;
            }
            else if(n==2)
            {
if(HAL_GPIO_ReadPin(SW7_GPIO_Port,SW7_Pin) == 0)  //读第三列信号
            ButtonNumber = n+ m * 4+1;
            }
            else if(n==3)
            {
if(HAL_GPIO_ReadPin(SW8_GPIO_Port,SW8_Pin) == 0)  //读第四列信号
            ButtonNumber = n+ m * 4+1;
            }
            if(ButtonNumber != 0)
            return ButtonNumber;  //有按键按下就返回值
            }
        }
```

```
    }
    return ButtonNumber;  // 返回值为'0'
}
```

3. 实验结果

经过程序的调试、编译，下载到 STM32L052 主控板，在设备上操作键盘，并在数码管上显示按键对应的数值，实验效果如图 4-6 所示。

图 4-6　实验效果图

任务自评

在完成上面的任务之后，根据以下评分标准来检查自己的学习情况。

项目内容	评分点	配分	自评分值
矩阵键盘控制	主程序流程设计正确	20	
	程序编写正确	30	
	实物接线正确	20	
	调试程序正确	30	
合　计		100	

知识扩展

一、消除键抖动

按键的闭合都存在一个抖动的暂态过程，如图4-7所示。这种抖动的暂态过程一般为5~10 ms，人的肉眼是觉察不到的，但高速的CPU对此是有反应的，可能产生误处理。为了保证按键动作一次，仅作一次处理，必须采取措施以消除抖动。

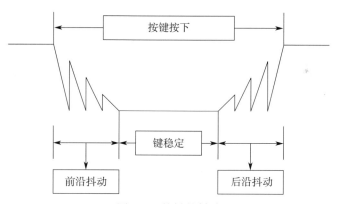

图4-7　按键的抖动

消除抖动的措施有两种：硬件消抖和软件消抖。

（1）硬件消除抖动可用简单的R-S触发器或单稳电路实现，如图4-8所示。

原理：在按压按键时，由于机械开关的接触抖动，往往在几十毫秒内电压会出现多次抖动，相当于连续出现了几个脉冲信号。显然，用这样的信号直接作为电路的驱动信号可能导致电路产生错误动作，这种情况是绝对不允许的。为了消除开关的接触抖动，可在机械开关与被驱动电路间接地接入一个基本RS触发器，如图4-8所示。$\overline{S}=0$，$\overline{R}=1$，可得出$A=1$，$\overline{A}=0$。当按压按键时，$\overline{S}=1$，$\overline{R}=0$，可得出$A=0$，$\overline{A}=1$，改变了输出信号A的状态。若由

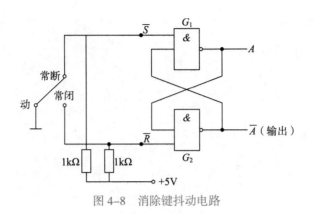

图 4-8　消除键抖动电路

于机械开关的接触抖动，则 $\overline{R}$ 的状态会在 0 和 1 之间变化多次，若 $\overline{R}=1$，由于 $A=0$，因此 G2 门仍然是"有低出高"，不会影响输出的状态。同理，当松开按键时，$\overline{S}$ 端出现的接触抖动亦不会影响输出的状态。因此，图 4-8 所示的电路，开关每按压一次，A 点的输出信号仅发生一次变化。

（2）软件消除抖动是用延时来躲过暂态抖动过程，执行一段大于 10 ms 的延时程序后，再读取稳定的键状态。

二、矩阵键盘

矩阵键盘又叫行列式键盘，用 I/O 口线组成行、列结构，按键设置在行和列的交点上。例如，4×4 的行列结构可组成 16 个键的键盘。因此，在按键数量较多时，可以节省 I/O 口线。指令模块矩阵键盘电路原理图如图 4-2 所示。

（1）软件扫描方式有三种：

1）程序控制扫描方式。键处理程序固定在主程序的某个程序段。其特点是对 CPU 工作影响小，但应注意键盘处理程序的运行间隔周期不能太长，否则会影响对键输入响应的及时性。

2）定时控制扫描方式。利用定时 / 计数器每隔一段时间产生定时中断，CPU 响应中断后对键盘进行扫描。

与程序控制扫描方式的区别是，在扫描间隔时间内，前者用 CPU 工作程序填充，后者用定时 / 计数器定时控制。定时控制扫描方式也应注意定时时间不能太长，否则会影响对键输入响应的及时性。

3）中断控制方式。中断控制方式是利用外部中断源，响应键输入信号。

（2）键盘扫描程序一般应包括以下内容：

1）判别有无键按下。

2）键盘扫描取得闭合键的行、列值。

3）用计算法或查表法得到键值。

4）判断闭合键是否释放，如没释放则继续等待。

5）将闭合键号保存，同时转去执行该闭合键的功能。

三、中断简介

（1）中断向量表

IO 口外部中断在中断向量表中只分配了 3 个中断向量，只能使用 3 个中断服务函数。从表 4-1 中断向量及服务函数表中可以看出，外部中断线 1：0 分配一个中断向量，3：2 分配一个中断向量，15：4 分配一个中断向量，分别用三个中断服务函数。

表 4-1   中断向量及服务函数表

序号	中断向量	中断线	中断服务函数
1	EXTI0_1	EXTI 线［1：0］中断	EXTI0_1_IRQHandler
2	EXTI2_3	EXTI 线［3：2］中断	EXTI2_3_IRQHandler
3	EXTI4_15	EXTI 线［15：4］中断	EXTI4_15_IRQHandler

（2）中断初始化

外部中断操作使用到的函数分布文件在 stm32l0xx_hal_gpio.h 和 stm32l0xx_hal_gpio.c 中。外部中断的中断线映射配置和触发方式都在 GPIO 初始化函数中完成，下面以 PC 口的 13 引脚为例初始化中断设置。

```
static void EXTILine4_15_Config(void)
{
    GPIO_InitTypeDef  GPIO_InitStructure;
    __HAL_RCC_GPIOC_CLK_ENABLE();    // 使能 PC 口时钟

    GPIO_InitStructure.Mode = GPIO_MODE_IT_FALLING; // 设置中断 PC13 作为输入引脚
    GPIO_InitStructure.Pull = GPIO_NOPULL;
    GPIO_InitStructure.Pin = GPIO_PIN_13;
    GPIO_InitStructure.Speed = GPIO_SPEED_FREQ_HIGH;
    HAL_GPIO_Init(GPIOC, &GPIO_InitStructure);
    HAL_NVIC_SetPriority(EXTI4_15_IRQn, 3, 0); // 设置中断的优先级
```

HAL_NVIC_EnableIRQ(EXTI4_15_IRQn);

}

（3）中断处理函数

HAL 库同样提供了外部中断通用处理函数 HAL_GPIO_EXTI_IRQHandler，在外部中断服务函数中会调用该函数处理中断。外部中断通用处理函数如下：

void EXTI4_15_IRQHandler(void)

{

HAL_GPIO_EXTI_IRQHandler(KEY_BUTTON_PIN);

}

（4）中断回调函数

用户最终编写的中断处理回调函数如下：

void HAL_GPIO_EXTI_Callback(uint16_t GPIO_Pin)

{

// 具体控制逻辑

}

（5）中断一般配置步骤

中断一般配置步骤如下：

第一步：使能 IO 口时钟。

第二步：初始化 IO 口，设置触发方式：HAL_GPIO_Init()。

第三步：设置中断优先级，并使能中断通道。

第四步：编写中断服务函数。

第五步：函数调用外部中断通用处理函数 HAL_GPIO_EXTI_IRQHandler。

第六步：编写外部中断回调函数：HAL_GPIO_EXTI_Callback。

思考练习

利用矩阵键盘实现数字在数码管上的显示。

任务五
键盘流水灯控制应用

学习目标

1. 理解矩阵键盘的工作原理及应用。

2. 使用STM32L052主控板、矩阵键盘和LED实训板组建一个矩阵键盘控制LED流水灯系统。

3. 用C语言编写程序并调试出任务要求的效果。

任务描述

应用STM32L052主控板、矩阵键盘和LED实验板组建一个矩阵键盘控制LED流水灯系统，通过编写程序，实现在没有按键按下时LED01、LED02交替闪烁，按下任意按键时LED01、LED02熄灭，LED03~LED08，LED18~LED11逐个点亮的流水灯的效果。STM32L052主控板如图2-1所示，矩阵键盘实验板和电路原理图如图4-1、图4-2所示，LED实验板如图5-1所示，LED显示电路原理图如图5-2所示。

图5-1　LED实验板

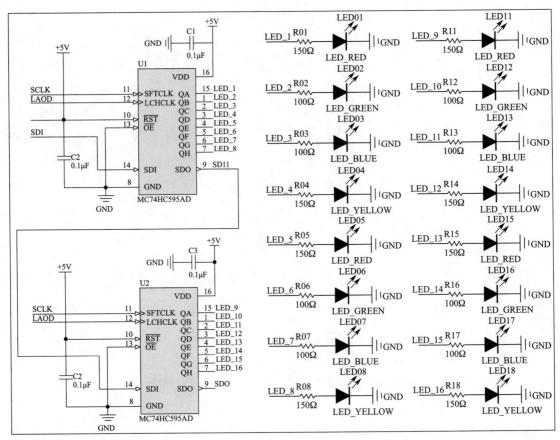

图 5-2　LED 显示电路原理图

知识准备

一、简述矩阵键盘的应用场合及工作原理。

二、说明 74HC595 芯片的引脚功能及其应用。

任务实施

一、任务分析

键盘流水灯控制应用涉及的知识点较多，包括硬件连接、初始化、按键检测和 LED 显示驱动等几部分模块。要思考每个模块如何实现；涉及的知识点如何应用。如控制 LED 显示实现闪烁效果这个知识点，具体步骤可以分析如下：

LED 闪烁效果工作过程：点亮→延时→熄灭→延时→点亮→……如此循环，实现闪烁的效果。

二、任务具体实施

1. 键盘流水灯硬件连接及分析

（1）利用循环判断键值

1）列扫描，判断是否有键按下，如果有按键被按下，则读取行值。

2）行扫描，判断是否有键按下，如果有按键被按下，则读取列值。

3）对应行列值为二进制，例如：值为 1，用 8 位二进制表示为 00000001。

4）将获取到的行号和列号运算，得到键值：键值 =（行值 −1）×4+ 列值。

（2）任务连线方框图

键盘的行线接到低 4 位，键盘的列线接到高 4 位。4 根行线和 4 根列线形成 16 个交点。每个交点为一个按键，每个按键赋一个键值，从左到右从上到下依次为 1 ~ 16，没有按键按下键值为 0。

检测当前是否有按键被按下。检测的方法是列数据 SW5 ~ SW8 输出低电平，行数据 SW1 ~ SW4 设置为高电平，读取列数据 SW5 ~ SW8 的状态，若为全高电平，则无按键被按下，否则有按键被按下。

在前面矩阵键盘原理的分析基础上，矩阵键盘流水灯的连线方框图如图 5-3 所示，键盘流水灯实物接线图如图 5-4 所示。

2. 键盘流水灯软件编程

（1）建立工程

使用 STM32CubeMX 建立工程，任务一已经讲过，这里不再赘述。

（2）主程序流程图

主程序流程图如图 5-5 所示。

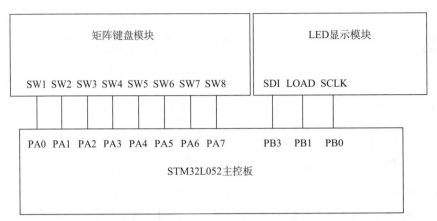

图 5-3　矩阵键盘流水灯的连线方框图

图 5-4　键盘流水灯实物接线图

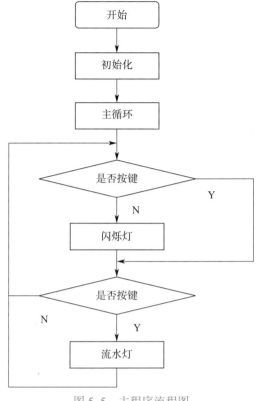

图 5-5 主程序流程图

（3）程序代码

```
/* 主程序代码 */
int main(void)
{
    HAL_Init();                 //STM32 初始化
    key_init();                 // 按键端口初始化
    SystemClock_Config();       // 时钟初始化
    __HAL_RCC_GPIOA_CLK_ENABLE(); // 系统时钟使能
    MX_GPIO_Init();             // 端口初始化
    while (1)
    {
        display_595_16(0x00,0x00) ;
        if(key_scan()==0)// 没有按下按键时 LED1、LED2 交替闪烁
        {
```

```
    display_595_16(0x01,0x00) ; // 只点亮第一行第一个 0000 0001
    HAL_Delay(100);            // 延时
    display_595_16(0x02,0x00) ; // 只点亮第一行第二个 0000 0010
    HAL_Delay(100);
}
if(key_scan()!=0)// 按下任意键，流水灯效果
{
    display_595_16(0x04,0x00) ; // 只点亮第一行第三个 0000 0100
    HAL_Delay(100);
    display_595_16(0x08,0x00) ; // 只点亮第一行第四个 0000 1000
    HAL_Delay(100);
    display_595_16(0x10,0x00) ; // 只点亮第一行第五个 0001 0000
    HAL_Delay(100);
    display_595_16(0x20,0x00) ; // 只点亮第一行第六个 0010 0000
    HAL_Delay(100);
    display_595_16(0x40,0x00) ; // 只点亮第一行第七个 0100 0000
    HAL_Delay(100);
    display_595_16(0x80,0x00) ; // 只点亮第一行第八个 1000 0000
    HAL_Delay(100);


    display_595_16(0x00,0x80) ; // 只点亮第二行第一个 1000 0000
    HAL_Delay(100);
    display_595_16(0x00,0x40) ; // 只点亮第二行第二个 0100 0000
    HAL_Delay(100);
    display_595_16(0x00,0x20) ; // 只点亮第二行第三个 0010 0000
    HAL_Delay(100);
    display_595_16(0x00,0x10) ; // 只点亮第二行第四个 0001 0000
    HAL_Delay(100);
    display_595_16(0x00,0x08) ; // 只点亮第二行第五个 0000 1000
    HAL_Delay(100);
    display_595_16(0x00,0x04) ; // 只点亮第二行第六个 0000 0100
    HAL_Delay(100);
```

```
        display_595_16(0x00,0x02) ; // 只点亮第二行第七个 0000 0010
        HAL_Delay(100);
        display_595_16(0x00,0x01) ; // 只点亮第二行第八个 0000 0001
        HAL_Delay(100);
    }
  }
}
/* 定义 main.h 中 595 芯片引脚 */
#define  GPIO_PORT   GPIOB
#define  SCLK_595    GPIO_PIN_0          // 时钟脉冲
#define  LOAD_595    GPIO_PIN_1          // 输出控制端
#define  SDI_595     GPIO_PIN_3          // 串行数据输入
/*74HC595 相关配置 */
void display_595_16(uint8_t date,uint8_t date1) //LED 显示函数
{
   uint8_t i; // 定义循环变量，用两个 8 位的 595 芯片串联循环 16 次
   uint16_t DATE; // 数据暂存
   DATE=date|(date1<<8); // 数据组合，低位 date, 高位 date1
   for(i = 0;i<16;i++) // 循环 16 次
   {
      if(DATE &0x8000)// 先发送高位数据
      {
        HAL_GPIO_WritePin(GPIO_PORT,SDI_595,GPIO_PIN_SET); // 数据给高电平
      }
      else
      {
        HAL_GPIO_WritePin(GPIO_PORT,SDI_595,GPIO_PIN_RESET); // 数据给低电平
      }
      HAL_GPIO_WritePin(GPIO_PORT,SCLK_595,GPIO_PIN_SET);    // 时钟脉冲高电平
      HAL_GPIO_WritePin(GPIO_PORT,SCLK_595,GPIO_PIN_RESET);  // 时钟脉冲低电平

      DATE = DATE<<1; // 数据移动一位判断
```

```
    }
    HAL_GPIO_WritePin(GPIO_PORT,LOAD_595,GPIO_PIN_SET); // 数据发送
    HAL_GPIO_WritePin(GPIO_PORT,LOAD_595,GPIO_PIN_RESET); // 发送复位，等待下一次
发送
}


/*key_scan.h 中关于矩阵键盘的程序 */
#ifndef __KEY_SCAN_H // 先测试 __KEY_SCAN_H 是否被宏定义过
#define __KEY_SCAN_H  // 如果 __KEY_SCAN_H 没有被宏定义过，定义 __KEY_SCAN_H，
并编译程序
    #include "stm32l0xx_hal.h" // 添加头文件
uint8_t key_scan(void);
void key_init(void); // 函数声明
void key_scan_gpio(uint8_t x);
#endif
/*key_scan.c 中关于矩阵键盘的程序 */
#include "key_scan.h" // 添加宏 "key_scan.h"
#include "stm32l0xx_hal.h" // 添加 stm32l0 库
/* 键盘行 */
#define KEY_HANG_GPIO     GPIOA
#define KEY_HENG_1        GPIO_PIN_0
#define KEY_HENG_2        GPIO_PIN_1
#define KEY_HENG_3        GPIO_PIN_2
#define KEY_HENG_4        GPIO_PIN_3
#define KEY_HANG_CLK()    __HAL_RCC_GPIOA_CLK_ENABLE()
/* 键盘列定义 */
#define KEY_LIE_GPIO     GPIOA
#define KEY_LIE_1        GPIO_PIN_4
#define KEY_LIE_2        GPIO_PIN_5
#define KEY_LIE_3        GPIO_PIN_6
#define KEY_LIE_4        GPIO_PIN_7
#define KEY_LIE_CLK()    __HAL_RCC_GPIOA_CLK_ENABLE()
```

/* 以上宏定义可根据自己的需要修改 IO*/

#define KEY_HANG_PIN KEY_HENG_1|KEY_HENG_2|KEY_HENG_3|KEY_HENG_4 //4×4 矩阵行数据口定义

#define KEY_LIE_PIN KEY_LIE_1|KEY_LIE_2|KEY_LIE_3|KEY_LIE_4 //4×4 矩阵列数据口定义

```c
GPIO_InitTypeDef GPIO_InitStruct; // 定义 GPIO 结构体变量
uint8_t hang=0,lie=0;
/* 初始化时钟 */
void key_init(void)
{
    KEY_HANG_CLK();
    KEY_LIE_CLK();
}
/*GPIO 输入输出翻转函数 */
void key_scan_gpio(uint8_t x)
{
    if(x==0) // 行数据，低位输出数据，高位接收数据
    { /* 填充 GPIO 结构体，配置端口状态 */
        GPIO_InitStruct.Pin = KEY_LIE_PIN; // 数据端口：KEY_LIE_PIN
        GPIO_InitStruct.Mode = GPIO_MODE_OUTPUT_PP; // 端口输出模式为推挽输出
        GPIO_InitStruct.Pull = GPIO_NOPULL; // 端口状态浮空
        GPIO_InitStruct.Speed = GPIO_SPEED_FREQ_LOW; // 端口速度为低速
        HAL_GPIO_Init(KEY_LIE_GPIO, &GPIO_InitStruct); // PA 端口初始化

        GPIO_InitStruct.Pin = KEY_HANG_PIN;
        GPIO_InitStruct.Mode = GPIO_MODE_OUTPUT_PP; // 输出
        GPIO_InitStruct.Pull = GPIO_NOPULL;
        GPIO_InitStruct.Speed = GPIO_SPEED_FREQ_LOW;
        HAL_GPIO_Init(KEY_HANG_GPIO, &GPIO_InitStruct);

        HAL_GPIO_WritePin(KEY_HANG_GPIO,KEY_HANG_PIN,GPIO_PIN_SET);
```

```
        HAL_GPIO_WritePin(KEY_LIE_GPIO,KEY_LIE_PIN,GPIO_PIN_RESET);

        GPIO_InitStruct.Pin = KEY_HANG_PIN;
        GPIO_InitStruct.Mode = GPIO_MODE_INPUT; 输入状态
        GPIO_InitStruct.Pull = GPIO_NOPULL;
        GPIO_InitStruct.Speed = GPIO_SPEED_FREQ_LOW;
        HAL_GPIO_Init(KEY_HANG_GPIO, &GPIO_InitStruct);
    }
else if(x==1)// 列数据，低位接收数据，高位输出数据
    {
        GPIO_InitStruct.Pin = KEY_LIE_PIN;
        GPIO_InitStruct.Mode = GPIO_MODE_OUTPUT_PP; // 输出
        GPIO_InitStruct.Pull = GPIO_NOPULL;
        GPIO_InitStruct.Speed = GPIO_SPEED_FREQ_LOW;
        HAL_GPIO_Init(KEY_LIE_GPIO, &GPIO_InitStruct);

        GPIO_InitStruct.Pin = KEY_HANG_PIN;
        GPIO_InitStruct.Mode = GPIO_MODE_OUTPUT_PP; // 输出
        GPIO_InitStruct.Pull = GPIO_NOPULL;
        GPIO_InitStruct.Speed = GPIO_SPEED_FREQ_LOW;
        HAL_GPIO_Init(KEY_HANG_GPIO, &GPIO_InitStruct);
        HAL_GPIO_WritePin(KEY_LIE_GPIO,KEY_LIE_PIN,GPIO_PIN_SET);
        HAL_GPIO_WritePin(KEY_HANG_GPIO,KEY_HANG_PIN,GPIO_PIN_RESET);

        GPIO_InitStruct.Pin = KEY_LIE_PIN;
        GPIO_InitStruct.Mode = GPIO_MODE_INPUT; // 输入
        GPIO_InitStruct.Pull = GPIO_NOPULL;
        GPIO_InitStruct.Speed = GPIO_SPEED_FREQ_LOW;
        HAL_GPIO_Init(KEY_LIE_GPIO, &GPIO_InitStruct);
    }
}
/* 扫描函数 */
```

```
uint8_t key_scan(void)
{
    uint8_t i; // 定义循环变量
    hang=0;lie=0; // 定义行列标志
    key_scan_gpio(0); // 状态为 0
    for(i=0;i<4;i++)
    {
        switch(i)
        {
            case 0: if(HAL_GPIO_ReadPin(KEY_HANG_GPIO,KEY_HENG_1)==0) {hang=1;} break;
            // 读取按键第 1 行，有按下就把 hang 标志置数 1
            case 1: if(HAL_GPIO_ReadPin(KEY_HANG_GPIO,KEY_HENG_2)==0) {hang=2;} break;
            // 读取按键第 2 行，有按下就把 hang 标志置数 2
            case 2: if(HAL_GPIO_ReadPin(KEY_HANG_GPIO,KEY_HENG_3)==0) {hang=3;} break;
            // 读取按键第 3 行，有按下就把 hang 标志置数 3
            case 3: if(HAL_GPIO_ReadPin(KEY_HANG_GPIO,KEY_HENG_4)==0) {hang=4;} break;
            // 读取按键第 4 行，有按下就把 hang 标志置数 4
            default:hang=0;break; // 没有按键按下清零
        }
    }
    if(hang)
    {
        key_scan_gpio(1); // 状态为 1
        for(i=0;i<4;i++) // 扫描 4 次
        {
            switch(i)
            {
            case 0: if(HAL_GPIO_ReadPin(KEY_LIE_GPIO,KEY_LIE_1)==0) {lie=1;} break;
            // 读取按键第 1 列，有按下就把 lie 标志置数 1
            case 1: if(HAL_GPIO_ReadPin(KEY_LIE_GPIO,KEY_LIE_2)==0) {lie=2;} break;
            // 读取按键第 2 列，有按下就把 lie 标志置数 2
            case 2: if(HAL_GPIO_ReadPin(KEY_LIE_GPIO,KEY_LIE_3)==0) {lie=3;} break;
```

// 读取按键第 3 列，有按下就把 lie 标志置数 3

case 3: if(HAL_GPIO_ReadPin(KEY_LIE_GPIO,KEY_LIE_4)==0) {lie=4;} break;

// 读取按键第 4 列，有按下就把 lie 标志置数 4

default:lie=0;break; // 没按键按下清零

    }

  }

return (hang−1)*4+lie; // 返回一个数值 (x−1)*4+y

 }

else {return 0;}

}

3. 实验结果

经过程序的调试、编译，下载到 STM32L052 主控板，没有按键按下时 LED1、LED2 交替闪烁，按下任意按键时 LED01、LED02 熄灭，LED03 ~ LED08，LED18 ~ LED11 逐个点亮实现流水灯的效果，实验效果图如图 5-6 所示（动态显示的效果）。

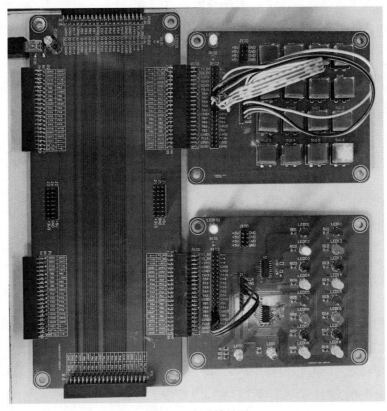

图 5-6　实验效果图

任务自评

在完成上面的任务之后，根据以下评分标准来检查自己的学习情况。

项目内容	评分点	配分	自评分值
键盘流水灯控制应用	流程设计正确	20	
	程序编写正确	30	
	实物接线正确	20	
	调试程序正确	30	
合　计		100	

知识扩展

STM32L052 相关语法

1. 预处理指令——宏定义指令

（1）宏定义指令是指用一些标识符作为宏名，来代替其他一些符号或者常量的预处理命令。使用宏定义指令，可以减少程序中字符串输入的工作量，还可以提高程序的可移植性。

（2）宏名既可以是字符串或常数，也可以是带参数的宏。宏定义指令可分为带参数的宏定义和不带参数的宏定义。

2. #define 命令

#define 命令用于定义一个宏名。宏名是一个标识符，在源代码中遇到该标识符时，均以宏定义的字符串的内容代替该标识符。ANSI（American National Standards Institute，美国国家标准学会）标准宏将定义的标识符称为"宏名"，而用定义的内容代替宏名的过程称为"宏替换"。

思考练习

写一个矩阵键盘独立控制 16 个 LED 的程序，要求按下按键 0~F，相对应的 LED 闪烁。

任务六
16×16 点阵显示应用

学习目标

1. 会用 STM32CubeMX 软件建立一个项目文件。
2. 使用 STM32L052 主控板、16×16 点阵显示模块组建一个点阵显示控制系统。
3. 用 C 语言编写程序并调试出任务要求的效果。

任务描述

应用 STM32L052 主控板、16×16 LED 点阵显示模块组成点阵显示控制系统，编写程序实现在 16×16 LED 点阵显示模块上循环显示：点亮第一列并从左到右依次显示，然后点亮第一行从上到下依次显示，循环两次后，再逐个显示"你""好""啊"三个字。STM32L052 主控板如图 2-1 所示，16×16 共阳 LED 点阵显示模块如图 6-1 所示，16×16 LED 点阵显示模块电路原理图如图 6-2 所示。

图 6-1　16×16 共阳 LED 点阵显示模块

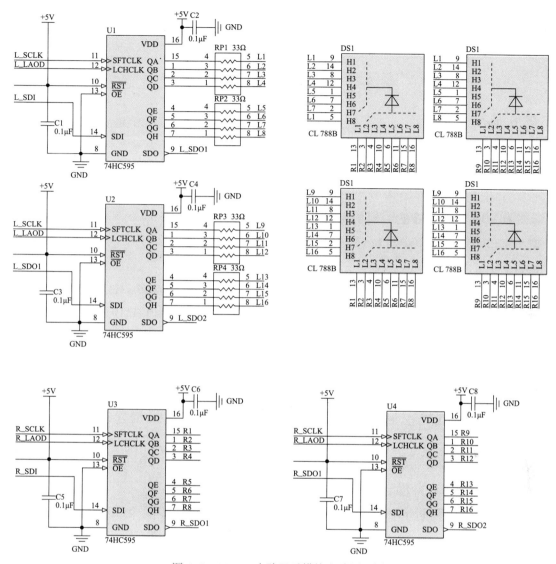

图 6-2　16×16 点阵显示模块电路原理图

知识准备

一、根据 LED 点阵显示模块电路原理图，简单描述 16×16 点阵显示原理。

二、分别说明 U1–U4 四个 74HC595 芯片在电路中的作用。

_____

_____

任务实施

一、任务分析

在 16×16 LED 点阵显示模块电路中，行扫描输入由两片 74HC595 芯片驱动，需要占据 STM32L052 三个 IO 端口；列扫描输入也由两片 74HC595 芯片驱动，也需要占据 STM32L052 三个 IO 端口。

为了节约端口占用的数量，在 LED 点阵显示模块中，可以将 J2、J3、J4 短路，即 L_SCLK 与 R_SCLK 短路（74HC595 芯片 11 脚 – 时钟信号），L_LOAD 与 R_LOAD 短路（74HC595 芯片 12 脚 – 锁存信号），L_SDI 与 R_SDI 短路（74HC595 芯片 14 脚 – 移位信号）。这样，行扫描输入和列扫描输入在硬件 STM32L052 的 IO 端口处合并，仅用三个 IO 端口即可实现 16×16 LED 点阵显示汉字。

本实验使用了六个端口，关于使用三个端口的方案读者可自行实验。

二、任务具体实施

1. 16×16 LED 点阵显示硬件连接

任务连线方框图如图 6–3 所示，16×16 点阵显示实物接线图如图 6–4 所示。

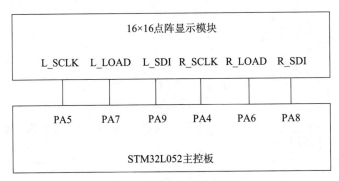

图 6–3　任务连线方框图

图 6-4 16×16 点阵显示实物接线图

2. 16×16 LED 点阵显示软件编程

（1）建立工程

使用 STM32CubeMX 建立工程，任务一已经讲过，这里不再赘述。

（2）主程序流程图

主程序流程图如图 6-5 所示。

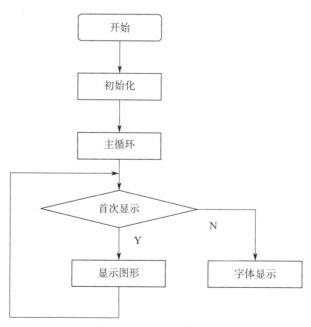

图 6-5 主程序流程图

下面是主要程序代码，有些程序代码这里没有列出，其中重点的程序代码都做了注释，类似的程序代码只做一次注释。

（3）源程序代码

```c
/* 字模定义，用取模软件取模 */
const uint8_t hz[3][32]={
/*-- 你 --*//*-- 宋体 12; 此字体下对应的点阵为 宽 × 高 =16×16  --*/
0x20,0x10,0x08,0xFC,0x23,0x10,0x88,0x67,0x04,0xF4,0x04,0x24,0x54,0x8C,0x00,0x00,
0x40,0x30,0x00,0x77,0x80,0x81,0x88,0xB2,0x84,0x83,0x80,0xE0,0x00,0x11,0x60,0x00,
/*-- 好 --*//*-- 宋体 12; 此字体下对应的点阵为 宽 × 高 =16×16  --*/
0x10,0x10,0xF0,0x1F,0x10,0xF0,0x00,0x80,0x82,0x82,0xE2,0x92,0x8A,0x86,0x80,0x00,
0x40,0x22,0x15,0x08,0x16,0x61,0x00,0x00,0x40,0x80,0x7F,0x00,0x00,0x00,0x00,0x00,
/*-- 啊 --*//*-- 宋体 12; 此字体下对应的点阵为 宽 × 高 =16×16  --*/
0xFC,0x04,0xFC,0x00,0xFE,0x42,0xBE,0x00,0xF2,0x12,0xF2,0x02,0xFE,0x02,0x00,0x00,
0x0F,0x04,0x0F,0x00,0xFF,0x10,0x0F,0x00,0x0F,0x04,0x4F,0x80,0x7F,0x00,0x00,0x00,
};
/* 点阵行列数据处理 */
// 写入点阵列 R 数据
void Matrix_595_R(uint16_t data)
{
    uint8_t i;
    for(i = 0;i<16;i++)
    {
        if(((data >> 15) & 1 )== 1)
        HAL_GPIO_WritePin(R_SDI_GPIO_Port, R_SDI_Pin, GPIO_PIN_SET);
        else    HAL_GPIO_WritePin(R_SDI_GPIO_Port, R_SDI_Pin, GPIO_PIN_RESET);
        data <<= 1;
        HAL_GPIO_WritePin(R_CLK_GPIO_Port, R_CLK_Pin, GPIO_PIN_SET);
        HAL_GPIO_WritePin(R_CLK_GPIO_Port, R_CLK_Pin, GPIO_PIN_RESET);
    }
        HAL_GPIO_WritePin(R_LOAD_GPIO_Port, R_LOAD_Pin, GPIO_PIN_SET);
        delay_us(50) ;
        HAL_GPIO_WritePin(R_LOAD_GPIO_Port, R_LOAD_Pin, GPIO_PIN_RESET);
```

```
    }
    // 写入点阵行 L 数据
void Matrix_595_L(uint16_t data)
{
    uint8_t i;
    for(i = 0;i<16;i++)
    {
        if(((data >> 15) & 1 )== 1)
        HAL_GPIO_WritePin(L_SDI_GPIO_Port, L_SDI_Pin, GPIO_PIN_SET);
        else    HAL_GPIO_WritePin(L_SDI_GPIO_Port, L_SDI_Pin, GPIO_PIN_RESET);
        data <<= 1;
        HAL_GPIO_WritePin(L_CLK_GPIO_Port, L_CLK_Pin, GPIO_PIN_SET);
        HAL_GPIO_WritePin(L_CLK_GPIO_Port, L_CLK_Pin, GPIO_PIN_RESET);
    }
        HAL_GPIO_WritePin(L_LOAD_GPIO_Port, L_LOAD_Pin, GPIO_PIN_SET);
        delay_us(50) ;
        HAL_GPIO_WritePin(L_LOAD_GPIO_Port, L_LOAD_Pin, GPIO_PIN_RESET);
    }
    // 测试点阵
void test(void)
{
    uint8_t i;

    Matrix_595_L(0xffff);   // 发送一行高电平
    for(i = 0;i < 16;i++)
    {
        Matrix_595_R(~(1<<i));  // 逐列依次发送低电平，从左到右显示
        HAL_Delay(100);
    }

    Matrix_595_R(0x0000);   // 发送一列低电平
    for(i=0;i < 16;i++)
```

```
    {
        Matrix_595_L(1<<i);    // 逐行依次发送高电平，从上到下显示
        HAL_Delay(100);
    }
}
    // 点阵，写汉字
void test_chinese(void)
{
    uint8_t i;
    uint16_t data=0;
    static uint8_t c1=0,c2=0;
    // 方法 1：L 做位码，R 做段码
    for(i=0;i < 16;i++)
    {
        data=dz_dat[c1][i*2] | dz_dat[c1][i*2+1]<<8 ;
        Matrix_595_R((data));    // 发数据
        Matrix_595_L(0x01<<i);   // 扫描 高电平 从左到右
        delay_us(50);
        Matrix_595_R(0xffff);    // 关闭列 消影
        Matrix_595_L(0x0000);    // 关闭行 消影
    }
}
    /*16×16 点阵端口初始化 */
static void MX_GPIO_Init(void)
{
    GPIO_InitTypeDef GPIO_InitStruct;
    __HAL_RCC_GPIOA_CLK_ENABLE(); /* GPIO Ports Clock Enable */
    HAL_GPIO_WritePin(GPIOA, DATA_Pin|CLK_Pin|DZ_LOAD_Pin, GPIO_PIN_RESET);
    GPIO_InitStruct.Pin = DATA_Pin|CLK_Pin|DZ_LOAD_Pin; // 端口
    GPIO_InitStruct.Mode = GPIO_MODE_OUTPUT_PP; // 输出
    GPIO_InitStruct.Pull = GPIO_NOPULL;
    GPIO_InitStruct.Speed = GPIO_SPEED_FREQ_LOW;
```

```c
    HAL_GPIO_Init(GPIOA, &GPIO_InitStruct);
}


    /* 主程序代码 */
uint16_t q1=0, q2=0; //q1 计数缓冲，q2 显示动态切换
int main(void)
{
    HAL_Init();
    SystemClock_Config(); //Configure the system clock
    MX_GPIO_Init(); //Initialize all configured peripherals
    while (1)
    {
    switch(q2)
    {
        case 0:        // 测试点阵
            test();
            q1++;
            if(q1>=2)   // 流动两次
            {q1=0;q2 += 1;}
            break;
        case 1: // 点阵显示汉字
            test_chinese();
            q1++;
            if(q1>=600)   // 延时
            {q1=0;q2=(q2+1)%2;}
            break;
    }
}
```

3. 实验结果

经过程序的调试、编译，下载到 STM32L052 主控板，在设备上实现使用 74HC595 控制 16×16 LED 点阵，点亮第一列从左到右显示，然后点亮第一行从上到下显示，循环两次，再逐个显示"你""好""啊"三个字，实验效果如图 6-6 所示。

图 6-6　实验效果图

任务自评

在完成上面的任务之后，根据以下评分标准来检查自己的学习情况。

项目内容	评分点	配分	自评分值
16×16 LED 点阵显示	流程设计正确	20	
	程序编写正确	30	
	实物接线正确	20	
	调试程序正确	30	
合　计		100	

知识扩展

一、LED 点阵简介

LED 点阵屏由 LED 组成，以发光二极管亮灭实现显示文字（见图 6-7）、图片、动画、视频等，是各部分组件均模块化的显示器件，通常由显示模块、控制系统及电源系统组成。

LED点阵显示屏制作简单、安装方便，被广泛应用于公共场合，如汽车报站屏、广告屏以及公告屏等。

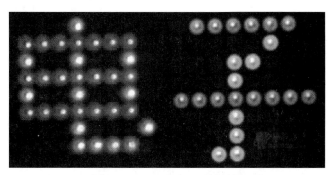

图6-7　LED点阵显示效果图

二、LED点阵显示原理

以简单的8×8共阳极点阵为例，它共由64个发光二极管组成，且每个发光二极管放置在行线和列线的交叉点上，如图6-8所示为LED点阵显示内部结构图。当对应的某一行置1，某一列置0，则相应的二极管点亮；如要点亮共阳极点阵的第一个点，则9脚接高电平13脚接低电平，则第一个点就亮了；如果要将第一行点亮，则第9脚要接高电平，而13、3、4、10、6、11、15、16引脚接低电平；如要将第一列点亮，则第13脚接低电平，而9、14、8、12、1、7、2、5引脚接高电平。

一般使用点阵显示汉字用的16×16的点阵宋体字库，此处16×16是指每一个汉字在纵、横各16点的区域内显示。也就是说用四个8×8点阵组合成一个16×16的点阵。比如要显示"你"，则相应的点要点亮。由于共阳极点阵在列线上是低电平有效，而在行线上是高电平有效，所以要显示"你"，它的位代码信息要取反，即所有列（13、3、4、10、6、11、15、16脚）送（0xF7，0x7F），而第一行（9脚）送1信号，然后第一行送0。再送第二行要显示的数据（13、3、4、10、6、11、15、16脚）送（0xF7，0x7F），而第二行（14脚）送1信号。依此类推，只要每行数据显示时间间隔足够短，利用人眼的视觉暂留效应，送了16次数据扫描了16行后就会看到一个"你"字。第二种送数据的方法是将字模信号送到行线上再扫描列线，也是同样的道理。同样以"你"字来说明，16行（9、14、8、12、1、7、2、5）上送（0x00，0x00），而第一列（13脚）送"0"。同理扫描第二列。当行线上送了16次数据而列线扫描了16次后"你"字也就显示出来了。

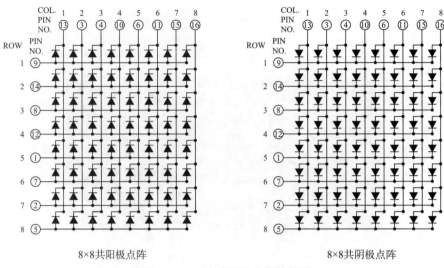

8×8共阳极点阵　　　　　　8×8共阴极点阵

图 6-8　LED 点阵显示内部结构图

思考练习

使用 74HC595 控制 16×16LED 点阵模块实验板，通过编程，实现如图 6-9 所示的"笑脸"图形。

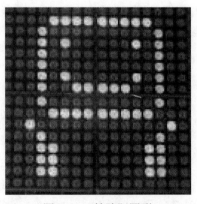

图 6-9　"笑脸"图形

任务七
1602 液晶显示模块应用

学习目标

1. 使用 STM32L052 主控板、LCD1602 液晶显示模块组建一个液晶显示系统。
2. 用 C 语言编写程序并调试出任务要求的效果。

任务描述

应用 STM32L052 主控板、LCD1602 液晶显示模块组成 LCD1602 液晶显示系统，通过编写程序，在 1602 液晶显示模块的屏幕上第一行显示 "ABC_123"，第二行显示 "DFE_567"。STM32L052 主控板如图 2-1 所示，LCD1602 液晶显示模块实物如图 7-1 所示，LCD1602 液晶显示模块电路原理图如图 7-2 所示。

图 7-1 LCD1602 液晶显示模块实物图

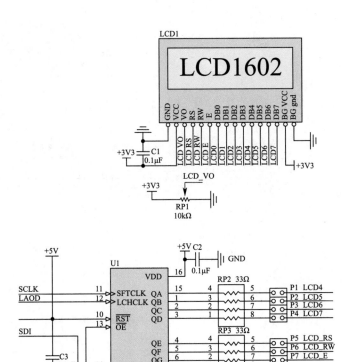

图 7-2　LCD1602 液晶显示模块电路原理图

知识准备

一、理解 LCD1602 液晶显示模块的显示原理。

二、列出几个 LCD1602 液晶显示模块的相关控制命令，并说明命令的用途。

任务实施

一、任务分析

在本 LCD1602 液晶显示模块中，74HC595 是 8 位串行输入、并行输出的移位寄存器，由 STM32L052 端口 PA7 输出的串行数据，经过 74HC959 转换成 8 位并行数据输入到 LCD1602 液晶显示模块，PA5、PA7、PB3 三个 IO 端口控制数据显示功能。只要理解了 LCD1602 的显示原理，就很容易编写程序。

在 LCD1602 液晶显示模块中，使 74HC595 输出端接入 LCD1602 输入端，根据 LCD1602 的《数据手册》中工作方式设置（见图 7-3）可知：

RS	R/W		DB7	DB6	DB5	DB4	DB3	DB2	DB1	DB0
0	0		0	0	1	DL	N	F	*	*

图 7-3　LCD1602《数据手册》中工作方式设置

运行时间：40 μs。

功能：工作方式设置（初始化指令）。

其中：DL=1，8 位数据接口；DL=0，4 位数据接口。

N=1，两行显示；N=0，一行显示。

F=1，5×10 点阵字符；F=0，5×7 点阵字符。

当 DL=0 时，只需要 4 位数据接口（D7～D4），即可实现写命令、写数据的操作。

二、任务实施过程

1. LCD1602 液晶显示模块硬件连接

在 LCD1602 液晶显示模块中，在前面显示原理分析的基础上，连线方框图如图 7-4 所示，实物接线如图 7-5 所示。另外，实验板上要将 P1、P2、P3、P4、P5、P6、P7 跳线短接。

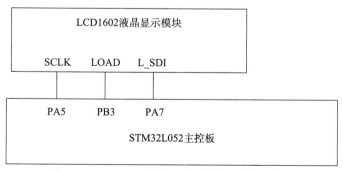

图 7-4　LCD1602 液晶显示模块应用连线方框图

图 7-5   1602 液晶显示模块实物接线图

2. 1602 液晶显示软件编程

（1）建立工程

使用 STM32CubeMX 建立工程，任务一已经讲过，这里不再赘述。

（2）主程序流程图

主程序流程图如图 7-6 所示。

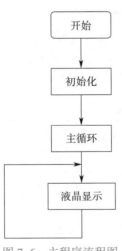

图 7-6   主程序流程图

下面是主要程序代码，有些程序代码这里没有列出，其中重点的程序代码都做了注释，类似的程序代码只做一次注释。

（3）源程序代码

```
/* 宏定义 74HC595 端口配置 */
#define __74595_SRCK   GPIO_PIN_5
#define __74595_SET   GPIO_PIN_7
#define __74595_SRCK_GPIO   GPIOA
#define __74595_SET_GPIO   GPIOA
#define __74595_SRCK_SET()
HAL_GPIO_WritePin(__74595_SRCK_GPIO,__74595_SRCK,GPIO_PIN_SET)
#define __74595_SRCK_CLR()
HAL_GPIO_WritePin(__74595_SRCK_GPIO,__74595_SRCK,GPIO_PIN_RESET)
#define __74595_SET_SET()
HAL_GPIO_WritePin(__74595_SET_GPIO,__74595_SET,GPIO_PIN_SET)
#define __74595_SET_CLR()
HAL_GPIO_WritePin(__74595_SET_GPIO,__74595_SET,GPIO_PIN_RESET)
#define __74595_RCK_1602   GPIO_PIN_3
#define __74595_RCK_GPIO_1602   GPIOB
#define __74595_RCK_1602_SET()
HAL_GPIO_WritePin(__74595_RCK_GPIO_1602,__74595_RCK_1602,GPIO_PIN_SET)
#define __74595_RCK_1602_CLR()
HAL_GPIO_WritePin(__74595_RCK_GPIO_1602,__74595_RCK_1602,GPIO_PIN_RESET)
/*74HC595 驱动编写 */
void Disp_595(uint8_t data)
{
    uint8_t i;
    for(i = 0;i<8;i++)
    {
        if(((data >> 7) & 1 )== 1)  {__74595_SET_SET();}// 数据置位 1
        else    {__74595_SET_CLR();} //  数据清 0
        data <<= 1;
        __74595_SRCK_SET(); // 时钟设置
        __74595_SRCK_CLR();
    }
```

```
    __74595_RCK_1602_SET(); // 发送数据
    __74595_RCK_1602_CLR();
}
/*LCD1602 写数据、写命令 */
void WriteLCD(uint8_t CMD,uint8_t Data)
{
    uint8_t RS = 0,RW = 0,EN = 0; // 变量声明，读操作、写操作、使能
    uint8_t LCD_COM = 0; // LCD_COM ：功能寄存器。
    uint8_t LCD_DATA = 0; // LCD_DATA：数据寄存器
    EN = 1; // 上升沿有效
    if(CMD == 0) { RS = 0;RW = 0;} // 指令为 0 ，就执行写指令操作
    else {RS = 1;RW = 0;} // 执行写数据操作
    LCD_COM = (RS << 4) | (RW << 5) | (EN << 6); //RS、RW 和 EN 分别对应 COM 的第 4 位、第 5 位和第 6 位。
    Disp_595(LCD_COM|LCD_DATA); // 第一次发送，低四位数据
    LCD_DATA = ((Data >> 4) &0x0f); // 准备高 4 位数据
    Disp_595(LCD_COM|LCD_DATA); // 第二次发送，高四位数据
    EN = 0;
    LCD_COM = (RS << 4) | (RW << 5) | (EN << 6); // 指令处理
    Disp_595(LCD_COM|LCD_DATA); // 更新数据
    EN = 1; // 使能
    if(CMD == 0) {RS = 0;RW = 0;} // 指令操作
    else {RS = 1;RW = 0;} // 数据
    LCD_COM = (RS << 4) | (RW << 5) | (EN << 6); // 处理指令操作
    Disp_595(LCD_COM|LCD_DATA); // 更新数据
    LCD_DATA = (Data &0x0f); // 更换高四位数据处理
    Disp_595(LCD_COM|LCD_DATA); // 更新数据
    EN = 0;
    LCD_COM = (RS << 4) | (RW << 5) | (EN << 6); // // 处理指令操作
    Disp_595(LCD_COM|LCD_DATA); // 更新数据

}
```

```
/* 显示一个字符 */
void DisplayOneChar(uint8_t x,uint8_t y,uint8_t data)
{
    y &= 0x1;
    x &= 0xf;
    if(y) x |= 0x40;
    x |= 0x80;
    WriteLCD(0,x);
    WriteLCD(1,data);
}
/* 显示多个字符 */
int LCD1602_PutStr(uint8_t *DData,int16_t pos)
{
    uint8_t i;
    if(pos == -1)
    {
        WriteLCD(0,0x01);
        HAL_Delay(2);
        pos = 0;
    }
    while((*DData)!= '\0')
    {
        switch(*DData)
        {
        case '\n': // 如果是 \n, 则换行
        {
            if(pos<17)
            {
                for(i=pos;i<16;i++) DisplayOneChar(i%16,i/16,' ');
                pos = 16;
            }
            else
```

```
        {
            for(i=pos;i<32;i++)  DisplayOneChar(i%16,i/16,' ');
            pos = 0;
        }
        break;
    }
    case '\b': // 如果是 \b，则退格
    {
        if(pos>0) pos--;
        DisplayOneChar(pos%16,pos/16,' ');
        break;
    }
    default:
    {
        if((*DData)<0x20)
        {*DData = ' ';}
        DisplayOneChar(pos%16,pos/16,*DData);
        pos++;
        break;
    }
    }
    DData++;
    }
return(pos);
}
/*LCD1602 端口初始化 */
void LCD_GPIO_Init(void)
{
    static GPIO_InitTypeDef GPIO_InitStruct;
    __HAL_RCC_GPIOA_CLK_ENABLE();
    __HAL_RCC_GPIOB_CLK_ENABLE();
    GPIO_InitStruct.Pin = __74595_SRCK|__74595_SET; // 时钟端口，数据端口
```

```
    GPIO_InitStruct.Mode = GPIO_MODE_OUTPUT_PP; // 输出
    GPIO_InitStruct.Pull = GPIO_PULLUP;
    GPIO_InitStruct.Speed = GPIO_SPEED_FREQ_VERY_HIGH ;

    HAL_GPIO_Init(GPIOA, &GPIO_InitStruct);
    GPIO_InitStruct.Pin = __74595_RCK_1602; // 发送端口
    GPIO_InitStruct.Mode = GPIO_MODE_OUTPUT_PP; // 输出
    GPIO_InitStruct.Pull = GPIO_PULLUP;
    GPIO_InitStruct.Speed = GPIO_SPEED_FREQ_VERY_HIGH ;
    HAL_GPIO_Init(GPIOB, &GPIO_InitStruct);
    WriteLCD(0,0x33); // 用 4 线显示模式
    WriteLCD(0,0x32);
    WriteLCD(0,0x28); // 显示方式设置
    WriteLCD(0,0x0c); // 显示开
    WriteLCD(0,0x01); // 显示清屏
}
/* 主函数代码 */
int main(void)
{
    int8_t Disp_buff_H[16]; // 定义第 0 行显示数组
    int8_t Disp_buff_L[16]; // 定义第 1 行显示数组
    HAL_Init();
    SystemClock_Config();
    LCD_GPIO_Init(); //1602 初始化（显示模块）
    HAL_Delay(100);
    while (1)
    {
      // 在 0 行显示 'ABC_123'
      sprintf((char *)Disp_buff_H," ABC_123  ",spped_counter);
      LCD1602_PutStr((uint8_t *)Disp_buff_H,0);
      // 在 1 行显示 'DFE_567'
      sprintf((char *)Disp_buff_L," DFE_567  ",spped_counter);
```

```
        LCD1602_PutStr((uint8_t *)Disp_buff_L,16);
    }
}
```

3. 实验结果

经过程序的调试、编译，下载到 STM32 主控板，在设备上实现使用 74HC595 控制 1602 液晶显示模块，并在 1602 液晶显示模块屏幕上第一行显示"ABC_123"，第二行显示"DFE_567"，实验效果如图 7-7 所示。

图 7-7　实验效果图

任务自评

在完成上面的任务之后，根据以下评分标准来检查自己的学习情况。

项目内容	评分点	配分	自评分值
LCD1602 液晶显示	流程设计正确	20	
	程序编写正确	30	
	实物接线正确	20	
	调试程序正确	30	
合　计		100	

知识扩展

一、LCD1602 液晶显示模块简介

LCD1602 是字符型液晶显示模块，它的主控芯片是 HD44780 或者其他兼容芯片，实物如图 7-8 所示。

图 7-8　LCD1602 液晶显示模块

二、LCD1602 液晶显示模块硬件控制引脚

LCD1602 有 16 条引脚，各引脚功能见表 7-1。

表 7-1　　　　　　　　　　　　　　　　LCD1602 引脚功能

引脚号	符号	引脚说明	引脚号	符号	引脚说明
1	VSS	电源地	9	D2	数据端口
2	VDD	电源正极	10	D3	数据端口
3	VO	偏压信号	11	D4	数据端口
4	RS	命令 / 数据	12	D5	数据端口
5	RW	读 / 写	13	D6	数据端口
6	E	使能	14	D7	数据端口
7	D0	数据端口	15	A	背光正极
8	D1	数据端口	16	K	背光负极

（1）VSS 接电源地。

（2）VDD 接 +5 V 电源。

（3）VO 是液晶显示的偏压信号，可接 10 kΩ 的 3296 精密电位器。

（4）RS 是命令 / 数据选择引脚，接嵌入式的一个 I/O，当 RS 为低电平时，选择命令；当 RS 为高电平时，选择数据。

（5）RW 是读 / 写选择引脚，接嵌入式的一个 I/O，当 RW 为低电平时，向 LCD1602 写入命令或数据；当 RW 为高电平时，从 LCD1602 读取状态或数据。如果不需要进行读取操作，可以直接将其接 VSS 引脚。

（6）E 是执行命令的使能引脚，接嵌入式的一个 I/O。

（7）D0 ~ D7 为并行数据输入 / 输出引脚。

（8）A 为背光正极，可接一个 10 ~ 47Ω 的限流电阻到 VDD。

（9）K 为背光负极，接 VSS，如图 7-9 所示。

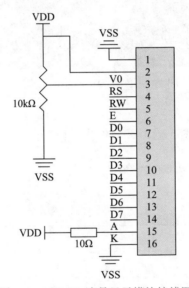

图 7-9　LCD602 液晶显示模块接线图

思考练习

使用 74HC595 控制 LCD1602 液晶显示模块实验板，通过编程，实现两排字符滚动显示。

任务八
摇杆数字编码输入模块应用

学习目标

1. 使用 STM32L052 主控板、扩展板、LCD1602 液晶显示器模块、摇杆数字编码输入模块组建一个摇杆数字编码输入显示系统。

2. 用 C 语言编写程序并调试出任务要求的效果。

任务描述

应用 STM32L052 主控板、扩展板、LCD1602 液晶显示器模块、摇杆数字编码输入模块组成摇杆数字编码输入显示系统，编写程序，运用中断计数原理采集数字编码器的旋转方向及旋转值，并在 LCD1602 液晶显示器上显示"Num:"以及脉冲的个数；运用 AD 采样及 DMA 原理采集摇杆在平面直角坐标系上 X 轴和 Y 轴的移动值，并在 LCD1602 液晶显示器上显示"X:"及 AD 采样值，"Y:"及 AD 采样值。STM32L052 主控板如图 2-1 所示，数字旋转编码器模块及摇杆模块实物如图 8-1、图 8-2 所示，摇杆、数字编码输入模块如图 8-3 所示，数字旋转编码器模块接口原理图及摇杆模块接口原理图如图 8-4、图 8-5 所示。

图 8-1　数字旋转编码器模块

图 8-2　摇杆模块

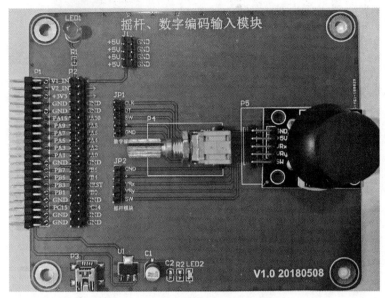

图 8-3　摇杆、数字编码输入模块

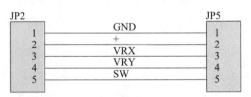

图 8-4　数字旋转编码器模块接口原理图

图 8-5　摇杆模块接口原理图

知识准备

一、理解数字旋转编码器的原理及其应用。

二、理解摇杆模块的原理及其应用。

任务实施

一、任务分析

在本 LCD1602 液晶显示模块中，使用 74HC595 作为 8 位串行输入、并行输出的移位寄存器，前面在任务七中已经介绍过，此处不再赘述。

数字式旋转编码通过旋转，可以计数正方向和反方向转动过程中输出脉冲的个数，配置程序外部中断来检测两个方波，对 CLK 和 DT 两个信号进行比较。在 LCD 显示器上第一行显示"Num:"以及脉冲的个数。因为旋转编码器的操作是旋转和按压转轴，在按下转轴的时候 SW 引脚的电平会变化，旋转的时候每转动一步 CLK 和 DT 的电平有规律地变化。顺时针旋转时 CLK 和 DT 的值不一致，逆时针旋转时 CLK 和 DT 的值一致。本任务不使用 SW 按键。

摇杆模块通过两个电位器对电量的分压比例控制，实现了上下左右的移动转换成电压的高低。通过模数转化，在 LCD 显示器上第二行显示"X:"及 AD 值，"Y:"及 AD 值。本任务不使用 SW 按键。

二、任务实施过程

1. 摇杆、数字编码输入模块硬件连接

连线方框图如图 8-6 所示，摇杆、数字编码输入模块接线实物如图 8-7 所示。

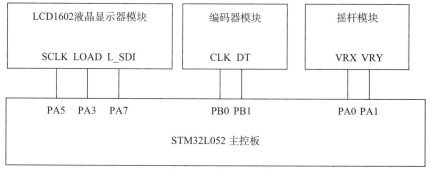

图 8-6　连线方框图

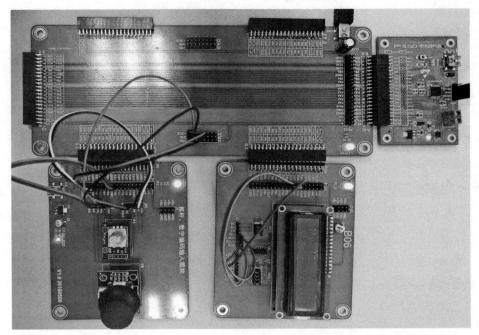

图 8-7 摇杆、数字编码输入模块接线实物图

将 STM32L052 主控板接入扩展板，扩展板再连接 LCD1602 液晶显示模块以及摇杆、数字编码输入模块。

在 LCD1602 液晶显示模块中，使用杜邦线连接 J2 的"SDI"与 P102 的"PA7"，J2 的"LOAD"与 P102 的"PB3"，J2 的"SCLK"与 P102 的"PA5"，并将 P1、P2、P3、P4、P5、P6、P7 跳线短接。

在摇杆、数字编码输入模块中，编码器模块连接方式如下：使用杜邦线连接 JP1 的"CLK"与 P2 的"PB0"，JP1 的"DT"与 P2 的"PB1"，并将 JP1 的"+"与扩展板的"3.3V"相连，JP1 的"GND"与扩展板的"GND"相连。

在摇杆、数字编码输入模块中，摇杆模块连接方式如下：使用杜邦线连接 JP2 的"VRX"与 P2 的"PA0"，JP2 的"VRY"与 P2 的"PA1"，并将 JP2 的"+"与扩展板的"5V"相连，JP2 的"GND"与扩展板的"GND"相连。

2. 摇杆、数字编码输入模块软件编程

（1）建立工程

使用 STM32CubeMX 建立工程，任务一已经讲过，这里不再赘述。

（2）主程序流程图

主程序流程图如图 8-8 所示。

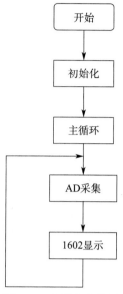

图 8-8　主程序流程图

（3）源程序代码

/* 数字编码器宏定义 */

#define NVIC_0　　　GPIO_PIN_0

#define NVIC_DATA GPIOB

#define NVIC_0_Read HAL_GPIO_ReadPin(NVIC_DATA, NVIC_0)

#define DT　　　GPIO_PIN_1

#define DT_DATA　　　GPIOB

#define DT_Read　　HAL_GPIO_ReadPin(DT_DATA, DT)

ADC_HandleTypeDef AdcHandle;

/* ADC 通道配置结构声明 */

ADC_ChannelConfTypeDef sConfig;

static void SystemClock_Config(void);

static void Error_Handler(void);

static void EXTILine0_1_Config(void);

static void MX_GPIO_Init(void);

static void GX_ADC1_Init(void);

uint32_t aResultDMA[2];

int32_t spped_counter=0;

```
/* 主程序代码 */
int main(void)
{
    int8_t Disp_buff_H[16], Disp_buff_L[16]; // 定义显示数组
    HAL_Init();
    SystemClock_Config();
    MX_GPIO_Init();
    EXTILine0_1_Config();        // 外部中断初始化（编码器）
    GX_ADC1_Init();          //AD 采集初始化（摇杆）
    LCD_GPIO_Init();               //1602 初始化（显示器）
    HAL_Delay(100);
    while (1)
    {
        HAL_ADC_Start_DMA(&AdcHandle, aResultDMA, 2); //ADC 配置采集通道
        sprintf((char *)Disp_buff_H,"Num:%d  ",spped_counter);LCD1602_PutStr((uint8_t *)Disp_buff_
H,0);
        // 显示旋转编码器的数值量
        sprintf((char *)Disp_buff_L,"X:%4d  Y:%4d  ",aResultDMA[0],aResultDMA[1]); // 显示摇杆的
X 轴量，Y 轴量
        LCD1602_PutStr((uint8_t *)Disp_buff_L,16); // 送显示
    }
}
/* 外部中断初始化（编码器）*/
static void EXTILine0_1_Config(void)
{
    GPIO_InitTypeDef   GPIO_InitStructure;
    __HAL_RCC_GPIOB_CLK_ENABLE();
    /* 将 PB0 引脚配置为输入浮点数 */
    GPIO_InitStructure.Mode = GPIO_MODE_IT_RISING_FALLING; // 检测边沿
    GPIO_InitStructure.Pull = GPIO_PULLUP;
    GPIO_InitStructure.Pin = NVIC_0;
    GPIO_InitStructure.Speed = GPIO_SPEED_FREQ_VERY_HIGH ;
```

```
    HAL_GPIO_Init(NVIC_DATA, &GPIO_InitStructure);
    /* 启用并将 EXTI0_1 中断设置为最低优先级 */
    HAL_NVIC_SetPriority(EXTI0_1_IRQn, 0, 0);
    HAL_NVIC_EnableIRQ(EXTI0_1_IRQn);
}
void HAL_GPIO_EXTI_Callback(uint16_t GPIO_Pin) // 外部中断回调函数
{
    if(GPIO_Pin == NVIC_0) // 检测到有变化就进来处理
    {
        if(NVIC_0_Read == DT_Read)
        //clk pb0 == dt pb1
        // 顺时针旋转时 CLK 和 DT 的值不一致，逆时针旋转时 CLK 和 DT 的值一致。顺时针时
            对计数值加 1，逆时针时对计数值减 1。
        spped_counter--; // 逆时针时对计数值减 1。
        else
        spped_counter++; // 顺时针时对计数值加 1。
    }
}
/* 端口初始化 */
static void MX_GPIO_Init(void)
{
    GPIO_InitTypeDef GPIO_InitStruct;
    __HAL_RCC_GPIOB_CLK_ENABLE();
    GPIO_InitStruct.Pin = DT;  //PB1
    GPIO_InitStruct.Mode = GPIO_MODE_INPUT; // 输入
    GPIO_InitStruct.Pull = GPIO_PULLUP;
    GPIO_InitStruct.Speed = GPIO_SPEED_FREQ_VERY_HIGH;
    HAL_GPIO_Init(DT_DATA, &GPIO_InitStruct);
}
/*AD 采集初始化（摇杆）*/
static void GX_ADC1_Init(void)
{
```

```
AdcHandle.Instance = ADC1;
AdcHandle.Init.OversamplingMode = DISABLE;
AdcHandle.Init.ClockPrescaler = ADC_CLOCK_SYNC_PCLK_DIV1;
AdcHandle.Init.LowPowerAutoPowerOff = DISABLE;
AdcHandle.Init.LowPowerFrequencyMode = ENABLE;
AdcHandle.Init.LowPowerAutoWait = DISABLE;
AdcHandle.Init.Resolution = ADC_RESOLUTION_12B;
AdcHandle.Init.SamplingTime = ADC_SAMPLETIME_7CYCLES_5;
AdcHandle.Init.ScanConvMode = ADC_SCAN_DIRECTION_FORWARD;
AdcHandle.Init.DataAlign = ADC_DATAALIGN_RIGHT;
AdcHandle.Init.ContinuousConvMode = ENABLE;
AdcHandle.Init.DiscontinuousConvMode = DISABLE;
AdcHandle.Init.ExternalTrigConvEdge = ADC_EXTERNALTRIGCONVEDGE_NONE;
AdcHandle.Init.EOCSelection = ADC_EOC_SINGLE_CONV;
AdcHandle.Init.DMAContinuousRequests = ENABLE;
if (HAL_ADC_Init(&AdcHandle) != HAL_OK)
{ Error_Handler(); }
/* 开始校准 */
if (HAL_ADCEx_Calibration_Start(&AdcHandle, ADC_SINGLE_ENDED) != HAL_OK)
{Error_Handler();}
/* 通道配置 */
/* 选择要转换的通道 0 */
sConfig.Channel = ADC_CHANNEL_0;
sConfig.Rank = ADC_RANK_CHANNEL_NUMBER;
if (HAL_ADC_ConfigChannel(&AdcHandle, &sConfig) != HAL_OK)
{Error_Handler();}
sConfig.Channel = ADC_CHANNEL_1;
if (HAL_ADC_ConfigChannel(&AdcHandle, &sConfig) != HAL_OK)
{Error_Handler();}
}
/* ADC 回调函数 */
void HAL_ADC_ConvCpltCallback(ADC_HandleTypeDef* hadc)
```

{HAL_ADC_Stop_DMA(&AdcHandle);}

3. 实验结果

经过程序的调试、编译，下载到 STM32 主控板，在设备上实现摇杆和数字编码输入值显示的效果，实验效果如图 8-9 所示。

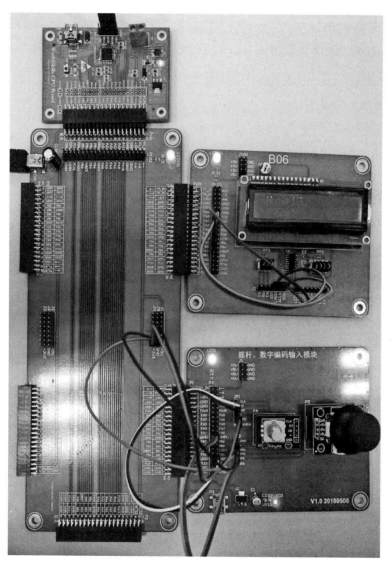

图 8-9 实验效果图

任务自评

在完成上面的任务之后，根据以下评分标准来检查自己的学习情况。

项目内容	评分点	配分	自评分值
OLED 显示控制	流程设计正确	20	
	程序编写正确	30	
	实物接线正确	20	
	调试程序正确	30	
合　计		100	

知识扩展

一、数字旋转编码器

数字旋转编码器是一种将旋转位移转化为一连串数字脉冲信号的旋转式传感器，它可以判断正方向和反方向旋转，并通过输出脉冲数个数来计数转动的位移量。旋转编码器与可调位移计不同的是，这种转动的计数是没有限制的，而且在任意点均可作为起始原点。归零的方法是按下旋转编码器上的按键，即可恢复到初始状态。本编码器旋转一圈发生 20 个脉冲数。

在 Eltra 编码器中角位移的转换采用了光电扫描原理，读数系统以由交替的透光窗口和不透光窗口构成的径向分度盘（码盘）的旋转为依据，同时被一个红外光源垂直照射，光把码盘的图像投射到接收器表面上，接收器覆盖着一层衍射光栅，它具有和码盘相同的窗口宽度。接收器的工作原理是感受光盘转动所产生的变化，然后将光变化转换为相应的电变化，并产生两个一系列没有任何干扰的方波脉冲。在对编码器输出的方波进行读数时，通常采用差分的方式，即将两个波形一样的信号进行比较，旋转的时候每转动一步 CLK 和 DT 的电平有规律地变化：顺时针旋转时 CLK 和 DT 的值不一致，逆时针旋转时 CLK 和 DT 的值一致。同时，在按下转轴的时候 SW 引脚的电平由高变为低，这样就能采集到旋转编码器的旋转和按压转轴操作。

旋转编码器的旋转实例如下：

1. 顺时针旋转 3 步（用横线分隔），如图 8-10 所示。

图 8-10 顺时针旋转 3 步输出脉冲状态变化采集

2. 逆时针旋转 3 步（用横线分隔），如图 8-11 所示。

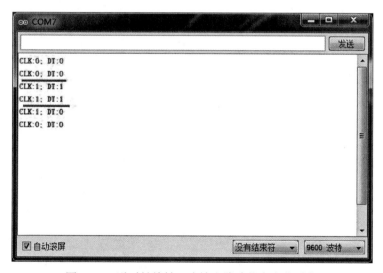

图 8-11 逆时针旋转 3 步输出脉冲状态变化采集

　　根据以上测试结果，每旋转一次触发的中断次数不一致，可能是硬件本身引起的，类似按钮抖动。多次测试之后，顺时针旋转时 CLK 和 DT 的值不一致，逆时针旋转时 CLK 和 DT 的值一致。

二、摇杆

　　摇杆其实是电位器组成的，左右、前后各一个，还有一个上下开关（按键）。具有（X，

Y）2 轴模拟输出，（Z）1 路按钮数字输出。可制作遥控器等互动物品。SW 引脚按下去时输出低电平，反之输出高电平。电位器的数据只能是 ADC 读取，左右、前后的两个电位器，不调节时，摇杆都处于电位器的中间位置，例如左右，若调节到最左是零，则调节到最右就是最大。

思考练习

使用本任务所学相关知识，实现步进电动机转速的调节。

任务九
OLED 显示模块应用

学习目标

1. 使用 STM32L052 主控板、扩展板、OLED（Organic Light Emitting Diode）显示实验板和基于 I²C 原理的 OLED 显示模块组建一个显示系统。

2. 根据 STM32L052 主控板、扩展板、OLED 显示实验板、矩阵键盘和基于 SPI 原理的 OLED 显示模块组建一个显示系统。

3. 用 C 语言编写程序并调试出任务要求的效果。

任务描述

应用 STM32L052 主控板、扩展板、OLED 显示实验板和 OLED 显示模块组成 OLED 显示系统，编写程序，运用 I²C 总线原理在 0.96 英寸（1 英寸 =2.54 厘米）OLED 显示屏上显示"世界技能大赛"字样，运用 SPI 总线原理在 1.3 英寸 OLED 显示屏上显示"重庆集训基地"及当前时间等字样。STM32L052 主控板如图 2-1 所示，OLED 显示实验板及 OLED 显示模块如图 9-1 所示，OLED 显示模块接口电路原理图如图 9-2 所示。

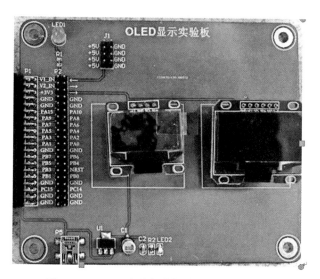

图 9-1　OLED 显示实验板及 OLED 显示模块

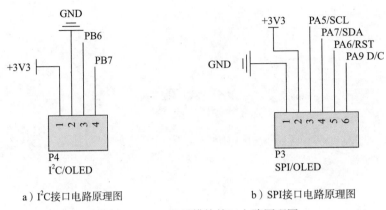

a）I²C接口电路原理图　　　　　b）SPI接口电路原理图

图 9-2　OLED 显示模块接口电路原理图

知识准备

一、分析理解 I²C 通信的原理及其应用。

二、分析理解 SPI 通信的原理及其应用。

三、分析理解 OLED 液晶屏显示的原理及其应用。

任务实施

一、任务分析

本任务运用 I²C 通信原理在 0.96 英寸 OLED 显示屏上显示汉字，应先理解 I²C 的通信原理，具体程序可参考芯片手册，学习 OLED 显示屏的驱动程序。为了进一步学习 OLED 显示，本任务还补充了运用 SPI 原理在 1.3 英寸 OLED 显示屏上显示汉字及数字的字样。

二、任务具体实施

1. OLED 显示模块硬件连接

OLED 显示模块连线方框图如图 9-3 所示，实物接线图如图 9-4 所示。

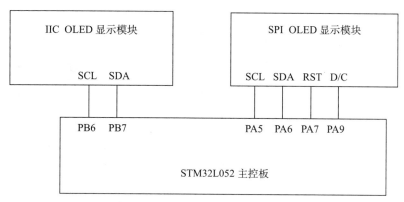

图 9-3　OLED 显示模块连线方框图

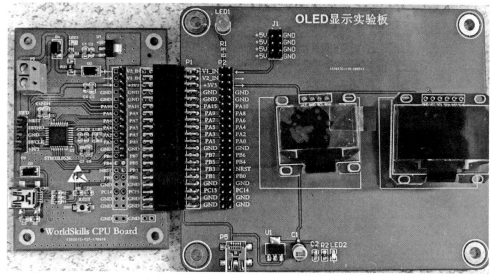

图 9-4　OLED 显示模块实物接线图

2. 字模提取

打开字模提取软件 PCtoLCD2002，单击选项菜单，弹出字模选项，依次选择阴码、列行式、点阵 16、取模走向逆向、C51 格式，单击"确定"按钮退出，字模选项卡如图 9-5 所示。

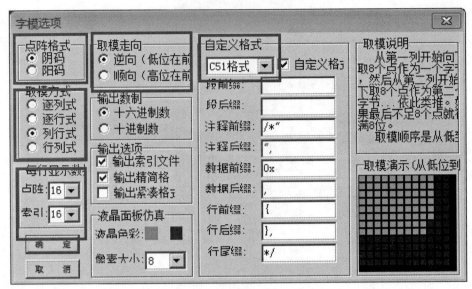

图 9-5　字模选项卡

在输入框中输入"世界技能大赛",单击生成字模,复制生成的字模代码,如图 9-6 所示。

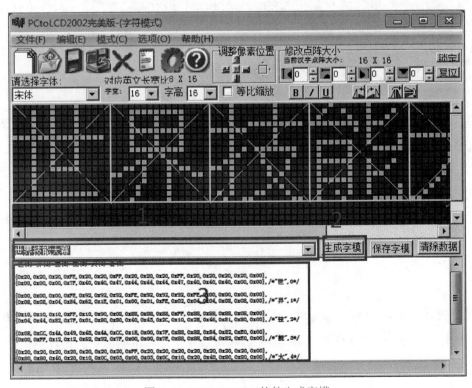

图 9-6　PCtoLCD2002 软件生成字模

3. OLED 显示模块软件编程

（1）建立工程

使用 STM32CubeMX 建立，任务一已经讲过，这里不再赘述。

（2）主程序流程图

主程序流程图如图 9-7 所示，OLED 的 I²C 通信和 SPI 通信方式的主流程图一致。

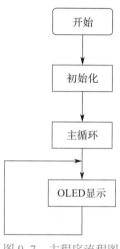

图 9-7 主程序流程图

（3）源程序代码

先对 I²C 通信协议的 OLED 进行讲解，再对 SPI 通信协议的 OLED 进行讲解。

主程序代码

```
/* 定义显示用的数组 */
const uint8_t Hzk[][16]={
// 取模方式：列行，阴码，世 (0) 界 (1) 技 (2) 能 (3) 大 (4) 赛 (5)
{0x20,0x20,0x20,0xFE,0x20,0x20,0xFF,0x20,0x20,0x20,0xFF,0x20,0x20,0x20,0x20,0x00},
{0x00,0x00,0x00,0x7F,0x40,0x40,0x47,0x44,0x44,0x44,0x47,0x40,0x40,0x40,0x00,0x00},
/*" 世 ",0*/
{0x00,0x00,0x00,0xFE,0x92,0x92,0x92,0xFE,0x92,0x92,0x92,0xFE,0x00,0x00,0x00,0x00},
{0x08,0x08,0x04,0x84,0x62,0x1E,0x01,0x00,0x01,0xFE,0x02,0x04,0x04,0x08,0x08,0x00},
/*" 界 ",1*/
{0x10,0x10,0x10,0xFF,0x10,0x90,0x08,0x88,0x88,0x88,0xFF,0x88,0x88,0x88,0x08,0x00},
{0x04,0x44,0x82,0x7F,0x01,0x80,0x80,0x40,0x43,0x2C,0x10,0x28,0x46,0x81,0x80,0x00},
/*" 技 ",2*/
```

```
{0x08,0xCC,0x4A,0x49,0x48,0x4A,0xCC,0x18,0x00,0x7F,0x88,0x88,0x84,0x82,0xE0,0x00},
{0x00,0xFF,0x12,0x12,0x52,0x92,0x7F,0x00,0x00,0x7E,0x88,0x88,0x84,0x82,0xE0,0x00},
/*" 能 ",3*/
{0x20,0x20,0x20,0x20,0x20,0x20,0x20,0xFF,0x20,0x20,0x20,0x20,0x20,0x20,0x20,0x00},
{0x80,0x80,0x40,0x20,0x10,0x0C,0x03,0x00,0x03,0x0C,0x10,0x20,0x40,0x80,0x80,0x00},
/*" 大 ",4*/
{0x88,0x86,0xA2,0xAA,0xAA,0xFE,0xAA,0xAB,0xAA,0xFE,0xAA,0xAA,0xA2,0x8A,0x86,0x00},
{0x08,0x08,0x04,0x82,0xBF,0x42,0x22,0x1E,0x22,0x42,0xBF,0x02,0x04,0x08,0x08,0x00},
/*" 赛 ",5*/
};
/*OLED 驱动程序 */
#ifndef __OLED_H_
#define __OLED_H_
#include "stm32l0xx_hal.h"
#include "ZIKU.H"
/* 宏定义 */
#define OLED_CMD 0    // 写命令
#define OLED_DATA 1    // 写数据
#define OLED_MODE 0 //OLED 模式设置
#define OLED_SDA 0 //0 表示 4 线串行模式
#define OLED_CLK 1 //1 表示并行 8080 模式

#define SIZE 16 // 字宽 16 位
#define XLevelL    0x02
#define XLevelH    0x10
#define Max_Column 128 // 最大 128 列
#define Max_Row    64 // 最大 64 行
#define Brightness 0xFF
#define X_WIDTH    128 // 一行 128 个点
#define Y_WIDTH    64 // 一列 64 个点
/* 端口初始化 */
static void OLED_GPIO_Init(void)
```

```
{
    GPIO_InitTypeDef GPIO_Struct;
    __HAL_RCC_GPIOB_CLK_ENABLE();  // PB 口使能
    GPIO_Struct.Pin = GPIO_PIN_1| GPIO_PIN_7| GPIO_PIN_6;
    GPIO_Struct.Mode = GPIO_MODE_OUTPUT_PP;
    GPIO_Struct.Speed = GPIO_SPEED_FREQ_LOW;
    GPIO_Struct.Alternate = GPIO_PULLUP;
    HAL_GPIO_Init(GPIOB, &GPIO_Struct);
}
/*OLED I²C 通信端口初始化 */
void OLED_GPIO(uint8_t add,uint8_t date)
{
    if(add==0)
    {
        if(date==1) HAL_GPIO_WritePin(GPIOB, GPIO_PIN_7, GPIO_PIN_SET);
        else if(date==0)HAL_GPIO_WritePin(GPIOB, GPIO_PIN_7, GPIO_PIN_RESET);
    }
    else if(add==1)
    {
        if(date==1) HAL_GPIO_WritePin(GPIOB, GPIO_PIN_6, GPIO_PIN_SET);
        else if(date==0)HAL_GPIO_WritePin(GPIOB, GPIO_PIN_6, GPIO_PIN_RESET);
    }
}
/*I²C 启动 */
void I²C_Start()
{
    OLED_GPIO(OLED_CLK,1);
    OLED_GPIO(OLED_SDA,1);
    OLED_GPIO(OLED_SDA,0);
    OLED_GPIO(OLED_CLK,0);
}
/* I²C 停止 */
```

```c
void IIC_Stop()
{
    OLED_GPIO(OLED_CLK,1);
    OLED_GPIO(OLED_SDA,0);
    OLED_GPIO(OLED_SDA,1);
}
/* 检测应答 */
void IIC_Wait_Ack()
{
    OLED_GPIO(OLED_CLK,1);
    OLED_GPIO(OLED_CLK,0);
}
/*I2C 写字节 */
void Write_IIC_Byte(uint8_t IIC_Byte)
{
    uint8_t i;
    uint8_t m,da;
    da=IIC_Byte;
    OLED_GPIO(OLED_CLK,0);
    for(i=0;i<8;i++)
    {
        m=da;
        m=m&0x80;
        if(m==0x80)
        {OLED_GPIO(OLED_SDA,1);}
        else OLED_GPIO(OLED_SDA,0);;
        da=da<<1;
        OLED_GPIO(OLED_CLK,1);
        OLED_GPIO(OLED_CLK,0);
    }
}
/*I2C 写命令 */
```

```
void Write_IIC_Command(uint8_t IIC_Command)
{
    IIC_Start();
    Write_IIC_Byte(0x78);
    IIC_Wait_Ack();
    Write_IIC_Byte(0x00);
    IIC_Wait_Ack();
    Write_IIC_Byte(IIC_Command);
    IIC_Wait_Ack();
    IIC_Stop();
}
```

/*I²C 写入数据 */

```
void Write_IIC_Data(uint8_t IIC_Data)
{
    IIC_Start();
    Write_IIC_Byte(0x78);
    IIC_Wait_Ack();
    Write_IIC_Byte(0x40);
    IIC_Wait_Ack();
    Write_IIC_Byte(IIC_Data);
    IIC_Wait_Ack();
    IIC_Stop();
}
```

/* 写一个字节 */

```
void OLED_WR_Byte(uint8_t dat,uint8_t cmd)
{
    if(cmd){Write_IIC_Data(dat);}
    else{Write_IIC_Command(dat);}
}
```

/* 确定坐标设置 */

```
void OLED_Set_Pos(uint8_t x, uint8_t y)
{
```

```
    OLED_WR_Byte(0xb0+y,OLED_CMD);
    OLED_WR_Byte(((x&0xf0)>>4)|0x10,OLED_CMD);
    OLED_WR_Byte((x&0x0f),OLED_CMD);
}
```
/* 开启 OLED 显示 */
```
void OLED_Display_On(void)
{
    OLED_WR_Byte(0X8D,OLED_CMD); // 设置控制命令
    OLED_WR_Byte(0X14,OLED_CMD); // 控制开
    OLED_WR_Byte(0XAF,OLED_CMD); // 显示开
}
```
/* OLED 清屏，清屏完成，整个屏幕是黑色的，和没点亮是一样的 */
```
void OLED_Clear(void)
{
    uint8_t i,n;
    for(i=0;i<8;i++)
    {
        OLED_WR_Byte (0xb0+i,OLED_CMD);   // 设置页地址（0~7）
        OLED_WR_Byte (0x00,OLED_CMD);     // 设置显示位置—列低地址
        OLED_WR_Byte (0x10,OLED_CMD);     // 设置显示位置—列高地址
        for(n=0;n<128;n++)OLED_WR_Byte(0,OLED_DATA);
    } // 更新显示
}
```
/* OLED 写一个字符，在指定位置显示一个字符，包括部分字符，x:0~127，y:0~63 mode:0
表示反白显示 ;1 表示正常显示，size: 选择字体 16/12 */
```
void OLED_ShowChar(uint8_t x,uint8_t y,uint8_t chr,uint8_t Char_Size)
{
    uint8_t c=0,i=0;
    c=chr-' ';              // 得到偏移后的值
    if(x>Max_Column-1)
    {x=0;y=y+2;}
    if(Char_Size ==16)
```

```
    {
        OLED_Set_Pos(x,y);
        for(i=0;i<8;i++)
        OLED_WR_Byte(F8X16[c*16+i],OLED_DATA);
        OLED_Set_Pos(x,y+1);
        for(i=0;i<8;i++)
        OLED_WR_Byte(F8X16[c*16+i+8],OLED_DATA);
    }
    else
    {
        OLED_Set_Pos(x,y);
        for(i=0;i<6;i++)
        OLED_WR_Byte(F6x8[c][i],OLED_DATA);
    }
}
/* 写一个点 */
uint16_t oled_pow(uint8_t m,uint8_t n)
{
    uint16_t result=1;
    while(n--)
    {result*=m;}
    return result;
}
/* 显示 2 个数字，x,y 表示起点坐标，len 表示数字的位数，size 表示字体大小，mode 为模
式，0 表示填充模式 ;1 表示叠加模式，num: 表示数值，范围为 0 到 4294967295; */
void OLED_ShowNum(uint8_t x,uint8_t y,uint16_t num,uint8_t wei,uint8_t size2)
{
    uint8_t t,temp;
    uint8_t enshow=0;
    for(t=0;t<wei;t++)
    {
        temp=(num/oled_pow(10,wei-t-1))%10;
```

```
        if(enshow==0&&t<(wei-1))
        {
            if(temp==0)
            {
                OLED_ShowChar(x+(size2/2)*t,y,' ',size2);
                continue;
            }
            else enshow=1;
        }
        OLED_ShowChar(x+(size2/2)*t,y,temp+'0',size2);
    }
}
```
/* 函数名：显示一个字符串 */
```
void OLED_ShowString(uint8_t x,uint8_t y,uint8_t *chr,uint8_t Char_Size)
{
    uint8_t j=0;
    while (chr[j]!='\0')
    {
        OLED_ShowChar(x,y,chr[j],Char_Size);
        x+=8;
        if(x>120){x=0;y+=2;}
        j++;
    }
}
```
/* 函数名：显示汉字 */
```
void OLED_ShowCHinese(uint8_t x,uint8_t y,uint8_t no)
{
    uint8_t t,adder=0;
    OLED_Set_Pos(x,y);   // 显示坐标位置
    for(t=0;t<16;t++)
    {
        OLED_WR_Byte(Hzk[2*no][t],OLED_DATA);
```

```
        adder+=1;
    }
    OLED_Set_Pos(x,y+1);  // 坐标
    for(t=0;t<16;t++)
    {
        OLED_WR_Byte(Hzk[2*no+1][t],OLED_DATA);
        adder+=1;
    }
}
/* 显示图片 */
void OLED_DrawBMP(uint8_t x0, uint8_t y0,uint8_t x1, uint8_t y1,uint8_t BMP[])
{
    unsigned int j=0;
    uint8_t x,y;
    if(y1%8==0) y=y1/8;
    else y=y1/8+1;
    for(y=y0;y<y1;y++)
    {
        OLED_Set_Pos(x0,y);
        for(x=x0;x<x1;x++){OLED_WR_Byte(BMP[j++],OLED_DATA);}
    }
}
/* 函数名：OLED 初始化 */
void OLED_Init(void)
{
    OLED_WR_Byte(0xAE,OLED_CMD); // 关显示
    OLED_WR_Byte(0x00,OLED_CMD); // 设置显示位置——列低地址
    OLED_WR_Byte(0x10,OLED_CMD); // 设置显示位置——列高地址
    OLED_WR_Byte(0x40,OLED_CMD); // 设置起始行数
    OLED_WR_Byte(0xB0,OLED_CMD); // 设置页地址
    OLED_WR_Byte(0x81,OLED_CMD); // 对比度设置
    OLED_WR_Byte(0xFF,OLED_CMD); // 对比度设置值（值为 00 ~ FF，数值越大显示越亮）
```

```
OLED_WR_Byte(0xA1,OLED_CMD); // 段重定义设置
OLED_WR_Byte(0xA6,OLED_CMD); // 设置显示方式：bit0 为 1 时反相显示，为 0 时正常显示
OLED_WR_Byte(0xA8,OLED_CMD); // 设置驱动路数，路数为 1 到 64
OLED_WR_Byte(0x3F,OLED_CMD); // 驱动路数占空比
OLED_WR_Byte(0xC8,OLED_CMD); // 端口扫描方向
OLED_WR_Byte(0xD3,OLED_CMD); // 设置显示偏移
OLED_WR_Byte(0x00,OLED_CMD); // 设置显示位置——列低地址
OLED_WR_Byte(0xD5,OLED_CMD); // 设置内存寻址模式
OLED_WR_Byte(0x80,OLED_CMD); // 分频因子
OLED_WR_Byte(0xD8,OLED_CMD); // 关闭区域颜色模式
OLED_WR_Byte(0x05,OLED_CMD); // 设置低位起始点阵寄存器
OLED_WR_Byte(0xD9,OLED_CMD); // 设置预充电周期
OLED_WR_Byte(0xF1,OLED_CMD); // 3～0 位为第一阶段；7～4 位为第二阶段
OLED_WR_Byte(0xDA,OLED_CMD); // 设置 COM 硬件引脚配置
OLED_WR_Byte(0x12,OLED_CMD); // 引脚配置
OLED_WR_Byte(0xDB,OLED_CMD); // 设置 VCOMH 电压倍率
OLED_WR_Byte(0x30,OLED_CMD); // 6～4 位为 011 表示 0.83 乘 VCC;
OLED_WR_Byte(0x8D,OLED_CMD); // 电荷泵设置
OLED_WR_Byte(0x14,OLED_CMD); // 开启电荷泵
OLED_WR_Byte(0xAF,OLED_CMD); // 显示开
OLED_Display_On();
OLED_Clear();
}
#endif

/* 主程序代码 */
uint16_t t0=0;
uint8_t hh=0,mm=0,ss=0;
uint8_t a0[8],m=0;
/* 系统时钟加载计时 */
void HAL_SYSTICK_Callback(void)
{
```

```
    if( m==10) t0++; //m=10，开启计数
    if(t0>=1000)
    {
        t0=0;ss++; // 缓冲 1000 次进入，秒加 1
        if(ss>=60)
        {
            ss=0;mm++; // 加到 60 表示秒钟满，分钟加 1
            if(mm>=60)
            {
                mm=0;hh++;        // 加到 60 分钟满，小时加 1
                if(hh>=24) {hh=0;} //24 小时到，回零
            }
        }
        sprintf(a0,"%d%d:%d%d:%d%d",hh/10,hh%10,mm/10,mm%10,ss/10,ss%10);
// 处理时间加载数
        OLED_ShowString(0,4,a0,16);                // 送显示
    }
}


/* 主函数代码 */
int main(void)
{
    HAL_Init();
    SystemClock_Config();
    /* 初始化所有配置的外围设备 */
    MX_GPIO_Init();
    MX_TIM2_Init();
    OLED_GPIO_Init(); // 端口初始化
    OLED_Init();      //OLED 初始化
    OLED_DrawBMP(0, 0,128, 8, BMP);     // 显示图片
    HAL_Delay(2000); // 显示延时
    OLED_Clear(); // 清除
```

```
OLED_ShowCHinese(16*1,0,0);// 显示"世界技能大赛"
OLED_ShowCHinese(16*2,0,1);
OLED_ShowCHinese(16*3,0,2);
OLED_ShowCHinese(16*4,0,3);
OLED_ShowCHinese(16*5,0,4);
OLED_ShowCHinese(16*6,0,5);
OLED_ShowNum(0,2,1234,4,16);          // 纯数值显示
while (1)
{
    if( m != 10)  m=10;  // 开时钟标志
}
}
// （I2C–OLED 完）
```

```
/*SPI 显示程序 */
//oled 相关程序省略
主程序如下所示:
// 数组名字的声明
extern u8 F6x8[];
extern u8 F8X16[];
extern u8 F16x16[];
extern u8 F16x16_Idx[];
// 使用索引分式显示汉字
uint8_t ch[] = {" 重庆集训基地 "};
uint8_t ch1[] = {"time:16:59:03"};
/* 定义变量 */
uint16_t t0=0;
int q1=0,tt=0;
uint8_t q2=0;
/* 主函数代码 */
int main(void)
```

```
{
    uint8_t Disp_buff[10];
    HAL_Init();
    SystemClock_Config();
    LCD_Init();
    LCD_P16x16Str(0,0,ch,F16x16_Idx,F16x16);      // 显示"重庆集训基地"
    LCD_P8x16Str(0,48,ch1,F8X16);                 // 字符串显示
    while (1)
    {
        t0++;
        if(t0 >= 6000 && tt==0)// 延时，状态为加计数
        {
            t0=0;
            q1=(q1+1); // 位移加一位
            if(q1>=85) {tt=1;} // 达到最大数，退出加计数
            LCD_P16x16Str(q1,16,ch2,F16x16_Idx,F16x16); // 显示
        }
        else if(t0 >= 6000 && tt==1)// 延时，并状态为减计数
        {
            t0=0;
            q1=(q1-1); // 位移减一位
            if(q1<=-16) {tt=0;}    // 最小极限，退出减计数
            LCD_P16x16Str(q1,16,ch2,F16x16_Idx,F16x16); // 显示
        }
    }
}
```

4. 实验结果

程序调试、编译完成，下载到 STM32 主控板，在 0.96 英寸 I²C 类 OLED 显示屏上第一行显示"世界技能大赛"，第二行显示"1234"，第三行显示时间信息。在 1.3 英寸 SPI 类 OLED 显示屏上第一行显示"重庆集训基地"，第二行显示"重庆"，第三行显示"time："及时间信息。OLED 显示实验效果如图 9-8 所示。

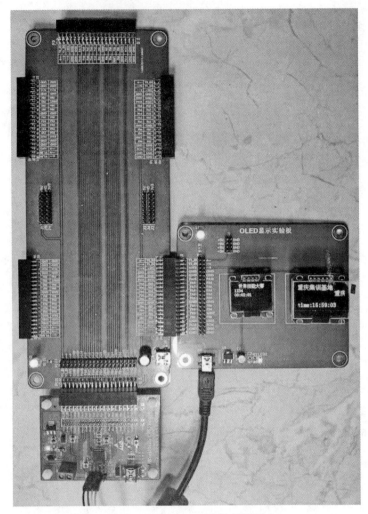

图 9-8　OLED 显示实验效果图

任务自评

在完成上面的任务之后，根据以下评分标准来检查自己的学习情况。

项目内容	评分点	配分	自评分值
OLED 显示控制	流程设计正确	20	
	程序编写正确	30	
	实物接线正确	20	
	调试程序正确	30	
合　计		100	

知识扩展

一、OLED 液晶显示器

OLED 即有机发光二极管或有机发光显示器。OLED 显示屏是利用有机电致发光二极管制成的显示屏。由于同时具备自发光有机电激发光二极管，不需背光源、对比度高、厚度薄、视角广、反应速度快、可用于挠曲性面板、使用温度范围广、构造及制程较简单等优异之特性，被认为是下一代的平面显示器新兴应用技术。OLED 显示技术与传统的 LCD 显示方式不同，不需要背光灯，由非常薄的有机材料涂层和玻璃基板构成，当有电荷通过时这些有机材料就会发光。OLED 发光的颜色取决于有机发光层的材料，故厂商可由改变发光层的材料而得到所需的颜色。有源阵列有机发光显示屏具有内置的电子电路系统，因此每个像素都由一个对应的电路独立驱动。

二、I²C 原理

I²C（Inter-Integrated Circuit）即集成电路总线，是由飞利浦半导体公司设计出来的一种简单、双向、二线制、同步串行总线，主要是用来连接整体电路（ICS），I²C 是一种多向控制总线，也就是说多个芯片可以连接到同一总线结构下，同时每个芯片都可以作为实时数据传输的控制源。这种方式简化了信号传输总线接口。I²C 串行总线一般有两根信号线，一根是双向的数据线 SDA，另一根是时钟线 SCL。所有接到 I²C 总线设备上的串行数据 SDA 都接到总线的 SDA 上，各设备的时钟线 SCL 接到总线的 SCL 上。标准模式器件和快速模式器件连接到 I²C 总线如图 9-9 所示。

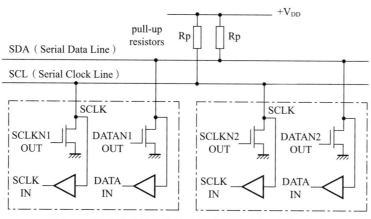

图 9-9　标准模式器件和快速模式器件连接到 I²C 总线

1. 数据的有效性：在时钟的高电平周期内，SDA 线上的数据必须保持稳定，数据线仅可以在时钟 SCL 为低电平时改变，I²C 位传输时序图如图 9-10 所示。

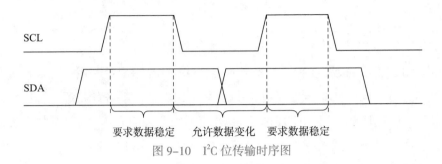

图 9-10 I²C 位传输时序图

2. 起始和结束条件：当 SCL 为高电平的时候，SDA 线上由高到低的跳变被定义为起始条件；当 SCL 为高电平的时候，SDA 线上由低到高的跳变被定义为停止条件。要注意起始和终止信号都是由主机发出的，连接到 I²C 总线上的器件，若具有 I²C 总线的硬件接口，则很容易检测到起始和终止信号。总线在起始条件之后，视为忙状态，在停止条件之后被视为空闲状态，起始和结束时序图如图 9-11 所示。

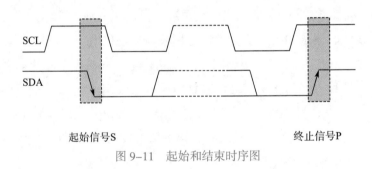

起始信号S   终止信号P

图 9-11 起始和结束时序图

3. 应答：每当主机向从机发送完一个字节的数据，主机总是需要等待从机给出一个应答信号，以确认从机是否成功接收到数据，从机应答主机所需要的时钟仍是主机提供的，应答出现在每一次主机完成 8 个数据位传输后紧跟着的时钟周期，低电平 0 表示应答，1 表示非应答，I²C 应答时序图如图 9-12 所示。

三、SPI 原理

SPI（serial peripheral interface）即串行外围接口，总线系统是一种同步串行外设接口，是一种高速全双工同步通信总线，它可以使 MCU 与各种外围设备以串行方式进行通信以交换信息。SPI 总线可直接与各个厂家生产的多种标准外围器件相连，包括 FLASHRAM、网络控制器、LCD 显示驱动器、A/D 转换器和 MCU 等。该接口一般使用 4 条线：串行时钟线

（SCLK）、主机输入 / 从机输出数据线 MISO、主机输出 / 从机输入数据线 MOSI 和低电平有效的从机选择线 NSS。典型的 SPI 接口应用如图 9-13 所示。

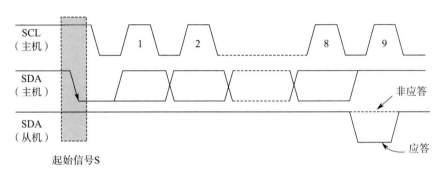

图 9-12　I²C 应答时序图

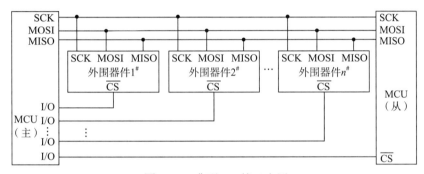

图 9-13　典型 SPI 接口应用

SPI 通信有 4 种不同的模式，不同的从设备可能在出厂时就配置为某种模式，这是不能改变的；但通信双方必须是工作在同一模式下，所以可以对主设备的 SPI 模式进行配置，通过 CPOL（时钟极性）和 CPHA（时钟相位）来控制主设备的通信模式，具体如下：

Mode0：CPOL=0，CPHA=0

Mode1：CPOL=0，CPHA=1

Mode2：CPOL=1，CPHA=0

Mode3：CPOL=1，CPHA=1

时钟极性 CPOL 是用来配置 SCLK 的电平处于哪种状态时是空闲态或者有效态，时钟相位 CPHA 是用来配置数据采样是在第几个边沿：

CPOL=0，表示当 SCLK=0 时处于空闲状态，所以有效状态就是 SCLK 处于高电平时；CPOL=1，表示当 SCLK=1 时处于空闲状态，所以有效状态就是 SCLK 处于低电平时；CPHA=0，表示数据采样是在第 1 个边沿，数据发送在第 2 个边沿；CPHA=1，表示数据采样是在第 2 个边沿，数据发送在第 1 个边沿。

思考练习

使用 OLED 相关命令，实现液晶屏的字符滚动。

任务十
步进电动机控制接口应用

学习目标

1. 应用 STM32L052 主控板、步进电动机实验板和步进电动机组建一个步进电动机驱动控制系统。

2. 用 C 语言编写程序并调试出任务要求的效果。

任务描述

应用 STM32L052 主控板、步进电动机实验板和步进电动机组建步进电动机驱动控制系统，编写程序，使用驱动 ULN2003 芯片，控制步进电动机顺时针旋转 360°，然后逆时针旋转 360°。STM32L052 主控板如图 2-1 所示，步进电动机实验板及步进电动机实物如图 10-1

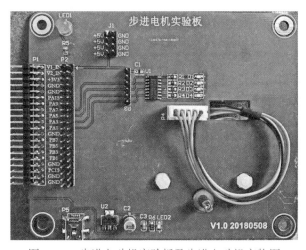

图 10-1　步进电动机实验板及步进电动机实物图

所示，步进电动机接口电路原理图如图 10-2 所示。

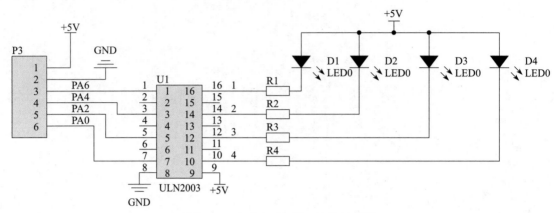

图 10-2　步进电动机接口电路原理图

知识准备

如何理解步进电动机的原理及其应用？

任务实施

一、任务分析

使用 ULN2003 驱动芯片驱动步进电动机正反转。单极性步进电动机：不改变绕组电流的方向，只对几个绕组依次循环通电，如四相电动机有四个绕组，分别为 A、B、C、D，有两种运行方式：

方式一：AB—BC—CD—DA—AB—

方式二：AB—B—BC—C—CD—D—DA—A—AB—

本控制采用第二种运行方式，4 相 8 拍的控制方式控制电动机，ϕ=360/（50×8）=0.9°（半步）。即按照 A—AB—B—BC—C—CD—D—DA（0001—0011—0010—0110—0100—1100—1000—1001）的顺序分别给电动机控制线一个低电平信号，从而控制了正向旋转，控制线信号相序反之就反转。注意每个步序均需要一个延时。

二、任务具体实施

1. 步进电动机硬件连接

步进电动机连线方框图如图 10-3 所示，实物连接如图 10-4 所示。

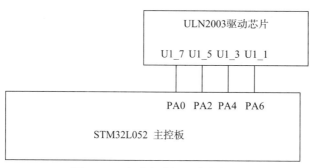

图 10-3 步进电动机连线方框图

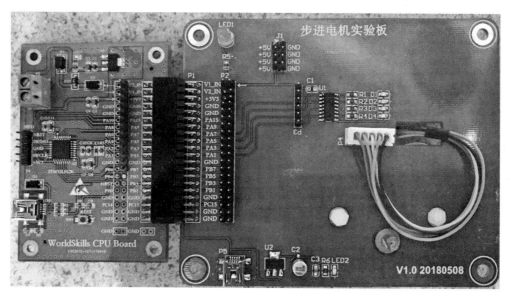

图 10-4 步进电动机实物连接

2. 步进电动机软件编程

（1）建立工程

使用 STM32CubeMX 建立工程，任务一已经讲过，这里不再赘述。

（2）主程序流程图

主程序流程图如图 10-5 所示。

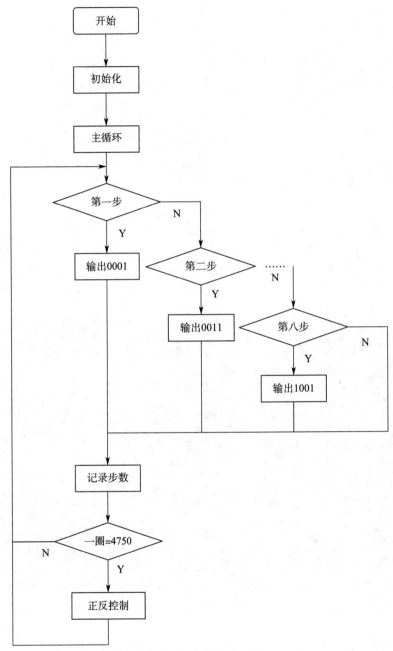

图 10-5　主程序流程图

（3）源程序代码

下面是主要程序代码，有些程序代码这里没有列出，其中重点的程序代码都做了注释，本书中类似的程序代码只做一次注释。

/* 主函数代码 */

```
int main(void)
{
HAL_Init();
SystemClock_Config(); // 配置系统时钟
MX_GPIO_Init(); // 初始化所有配置的外围设备
uint8_t step=0,t0=0,zf=0; // 分别定义步位，计数缓冲，正反转变量
uint16_t du=0; // 度数
while (1)
{
    if(step==1)
    {
    //0001
HAL_GPIO_WritePin(GPIOA, PA0_Pin, GPIO_PIN_RESET);
HAL_GPIO_WritePin(GPIOA,PA2_Pin|PA4_Pin|PA6_Pin,GPIO_PIN_RESET);
HAL_Delay(1);
    }
    else if(step==2)
    {
    //0011
    HAL_GPIO_WritePin(GPIOA, PA2_Pin |PA0_Pin, GPIO_PIN_RESET);
    HAL_GPIO_WritePin(GPIOA, PA4_Pin|PA6_Pin, GPIO_PIN_SET);
    HAL_Delay(1);
    }
    else if(step==3)
    {
    //0010
    HAL_GPIO_WritePin(GPIOA, PA2_Pin, GPIO_PIN_RESET);
    HAL_GPIO_WritePin(GPIOA,PA0_Pin|PA4_Pin|PA6_Pin,GPIO_PIN_SET);
    HAL_Delay(1);
    }
    else if(step==4)
    {
```

```
//0110
HAL_GPIO_WritePin(GPIOA, PA2_Pin|PA4_Pin, GPIO_PIN_RESET);
HAL_GPIO_WritePin(GPIOA, PA0_Pin| PA6_Pin, GPIO_PIN_SET);
HAL_Delay(1);
}
else if(step==5)
{
//0100
HAL_GPIO_WritePin(GPIOA, PA4_Pin, GPIO_PIN_RESET);
HAL_GPIO_WritePin(GPIOA,PA0_Pin|PA2_Pin|PA6_Pin,GPIO_PIN_SET);
HAL_Delay(1);
}
else if(step==6)
{
//1100
HAL_GPIO_WritePin(GPIOA, PA4_Pin|PA6_Pin, GPIO_PIN_RESET);
HAL_GPIO_WritePin(GPIOA, PA0_Pin|PA2_Pin, GPIO_PIN_SET);
HAL_Delay(1);
}
else if(step==7)
{
//1000
HAL_GPIO_WritePin(GPIOA, PA6_Pin , GPIO_PIN_RESET);
HAL_GPIO_WritePin(GPIOA,PA0_Pin|PA2_Pin|PA4_Pin,GPIO_PIN_SET);
HAL_Delay(1);
}
else if(step==8)
{
//1001
HAL_GPIO_WritePin(GPIOA, PA0_Pin|PA6_Pin , GPIO_PIN_RESET);
HAL_GPIO_WritePin(GPIOA, PA2_Pin|PA4_Pin , GPIO_PIN_SET);
HAL_Delay(1);
```

```
    }
    t0++; // 加 1
    if(zf==0)
        step=t0%8;          // 正转
    else
        step=8-(t0%8);              // 反转
    if(t0>=9)
        {t0=0;du=(du+9); } // 超出归零
    if(du>=4750)// 4750 为一圈走的步数
        {du=0;zf=~zf;} // 转一圈
    }
}
```

3. 实验结果

程序调试、编译完成，下载到 STM32 主控板，在实验板上实现步进电动机控制效果如图 10-6 所示。

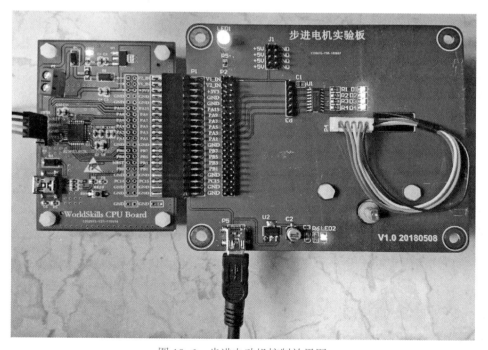

图 10-6　步进电动机控制效果图

任务自评

在完成上面的任务之后，根据以下评分标准来检查自己的学习情况。

项目内容	评分点	配分	自评分值
步进电动机控制	流程设计正确	20	
	程序编写正确	30	
	实物接线正确	20	
	调试程序正确	30	
合　计		100	

知识扩展

一、什么是步进电动机？

步进电动机是一种将电脉冲转化为角位移的执行机构。通俗地讲，当步进驱动器接收到一个脉冲信号，它就驱动步进电动机按设定的方向转动一个固定的角度（即步进角）。通过控制脉冲个数来控制角位移量，从而达到准确定位的目的；同时可以通过控制脉冲频率来控制电动机转动的速度，从而达到调速的目的。

二、步进电动机分哪几种？

步进电动机分永磁式（PM）、反应式（VR）和混合式（HB）三种。

永磁式步进电动机一般为两相，转矩和体积较小，步进角一般为7.5度或15度；反应式步进电动机一般为三相，可实现大转矩输出，步进角一般为1.5度，但噪声和振动都很大；混合式步进电动机混合了永磁式和反应式的优点。它又分为两相和五相：两相步进角一般为1.8度，而五相步进角一般为0.72度。这种步进电动机的应用最为广泛。

28BYJ48型四相八拍步进电动机的电压为DC 5 V、DC 12 V。当对步进电动机施加一系列连续不断的控制脉冲时，它可以连续不断地转动。每一个脉冲信号对应步进电动机的某一相或两相绕组的通电状态改变一次，也就对应转子转过一定的角度（一个步进角）。当通电状态的改变完成一个循环时，转子转过一个齿距。四相步进电动机可以在不同的通电方式下运行，常见的通电方式有单（单相绕组通电）四拍（A-B-C-D-A······），双（双相绕组通电）四拍（AB–BC–CD–DA–AB–……），八拍（A–AB–B–BC–C–CD–D–DA–A……）。

三、步进电动机精度为多少？是否累积？

一般步进电动机的精度为步进角的 3%~5%，且不累积。

四、步进电动机的外表温度允许达到多少？

步进电动机温度过高，首先会使电动机的磁性材料退磁，从而导致力矩下降甚至失步。因此，电动机外表允许的最高温度应取决于不同电动机磁性材料的退磁点；一般来讲，磁性材料的退磁点都在 130 ℃以上，有的甚至高达 200 ℃以上，所以步进电动机外表温度在 80~90 ℃完全正常。

五、细分驱动器的细分数是否能代表精度？

步进电动机的细分技术实质上是一种电子阻尼技术，其主要目的是减弱或消除步进电动机的低频振动，提高电动机的运转精度只是细分技术的一个附带功能。比如对于步进角为 1.8° 的两相混合式步进电动机，如果细分驱动器的细分数设置为 4，那么电动机的运转分辨率为每个脉冲 0.45°，电动机的精度能否达到或接近 0.45° 还取决于细分驱动器的细分电流控制精度等其他因素。不同厂家的细分驱动器精度可能差别很大，细分数越大，精度越难控制。

六、如何用简单的方法调整两相步进电动机通电后的转动方向？

只需将电动机与驱动器接线的 A+ 和 A–（或者 B+ 和 B–）对调即可。

思考练习

通过编程，实现步进电动机的转速调节。

任务十一
无线遥控接收应用

学习目标

1. 应用 STM32L052 主控板、扩展板、LED 实验板、无线接收实验板组建一个 LED 灯显示遥控系统。

2. 用 C 语言编写程序并调试出任务要求的效果。

任务描述

应用 STM32L052 主控板、扩展板、LED 实验板、无线接收实验板组建 LED 灯显示遥控系统，按下遥控器的不同按键，实现点动显示对应的 LED 灯。STM32L052 主控板如图 2-1 所示，无线接收实验板如图 11-1 所示。

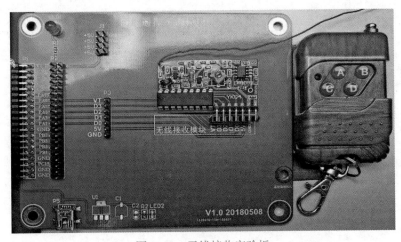

图 11-1　无线接收实验板

知识准备

如何理解无线接收模块的接收原理？

任务实施

一、任务分析

要让无线遥控模块工作，按下遥控器任意一个按键，就可以使模块的信号匹配，接收模块自带解码芯片，解码成功，模块会输出一个高电平，用 STM32 芯片采集端口就能实现远程遥控了。

二、任务具体实施

1. 无线接收实验硬件连接图

根据前面的分析，将 STM32L052 主控板接入扩展板，扩展板再连 LED 灯实验板，扩展板再接入无线接收实验板，并将 5V 超再生四路解码接收模块插接在无线接收实验板上。无线遥控接线方框图如图 11-2 所示，无线遥控实物连接如图 11-3 所示。

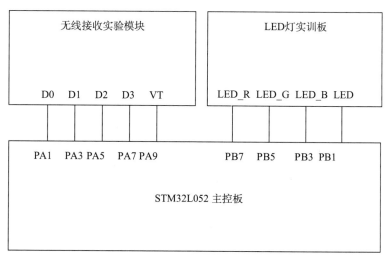

图 11-2　无线遥控接线方框图

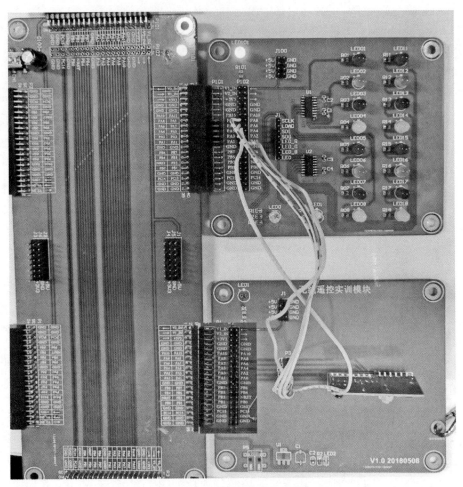

图 11-3　无线遥控实物连接

2. 无线接收实验软件编程

（1）建立工程

使用 STM32CubeMX 建立工程，任务一已经讲过，此处不再赘述。

（2）主程序流程图

主程序流程图如图 11-4 所示。

（3）源程序代码

下面是主要程序代码，有些程序代码这里没有列出，其中重点的程序代码都做了注释，类似的程序代码只做一次注释。

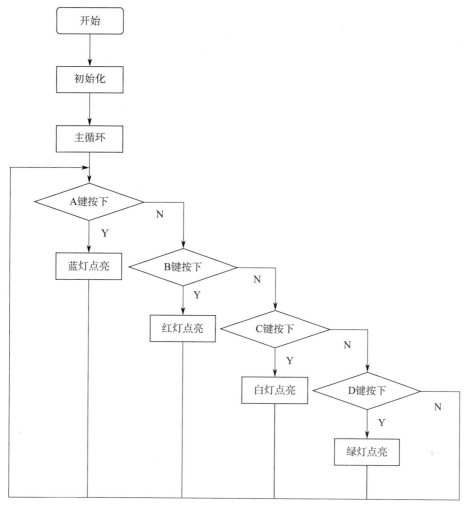

图 11-4　主程序流程图

/* 主函数代码 */

int main(void)

  {

    HAL_Init(); //STM32 初始化

    SystemClock_Config(); // 时钟初始化

    MX_GPIO_Init(); // 引脚初始化

    while (1) //while 循环括号内程序

    {

/* 点动效果 */

      if(HAL_GPIO_ReadPin(GPIOA,D0_Pin) ==1) //B 键按下

```
        {tt=1;}
        if(HAL_GPIO_ReadPin(GPIOA,D1_Pin) ==1)  //D 键按下
        {tt=2;}
        if(HAL_GPIO_ReadPin(GPIOA,D2_Pin) ==1)  //A 键按下
        {tt=3;}
        if(HAL_GPIO_ReadPin(GPIOA,D3_Pin) ==1)  //C 键按下
        {tt=4;}
if(HAL_GPIO_ReadPin(GPIOA,VT_Pin) ==1)  // 任意键按下，解码出
        {t1=100;}
        switch(tt)  // 小灯显示状态，选择颜色
        {
        // 状态 1 互锁
        case 1:
HAL_GPIO_WritePin(GPIOB,LED_R_Pin,GPIO_PIN_SET); // 红—B
HAL_GPIO_WritePin(GPIOB,LED_G_Pin|LED_B_Pin,GPIO_PIN_RESET);
            HAL_Delay(10);
            tt=99;
            break;
        case 2:
HAL_GPIO_WritePin(GPIOB,LED_G_Pin,GPIO_PIN_SET); // 绿—D
HAL_GPIO_WritePin(GPIOB,LED_R_Pin|LED_B_Pin,GPIO_PIN_RESET);
            HAL_Delay(10);
            tt=99;
            break;
        case 3:
HAL_GPIO_WritePin(GPIOB,LED_B_Pin,GPIO_PIN_SET); // 蓝—A
HAL_GPIO_WritePin(GPIOB,LED_R_Pin|LED_G_Pin,GPIO_PIN_RESET);
            HAL_Delay(10);
            tt=99;
            break;
        Case4:
HAL_GPIO_WritePin(GPIOB,LED_B_Pin|LED_G_Pin|LED_R_Pin,GPIO_PIN_SET); // 白—C
```

```
        HAL_Delay(10);

        tt=99;

        break;

    Case 99:

        HAL_GPIO_WritePin(GPIOB,LED_B_Pin|LED_G_Pin|LED_R_Pin,GPIO_PIN_RESET);
// 灭

        break;

    default :

        break;

    }

    if(t1==100) // 状态灯
{HAL_GPIO_WritePin(GPIOB,LED_Pin,GPIO_PIN_SET);t1=101;} // 亮

    else
{HAL_GPIO_WritePin(GPIOB, LED_Pin , GPIO_PIN_RESET);} // 灭

    }

  }

}
/* 端口初始化 */
static void MX_GPIO_Init(void)

{

  GPIO_InitTypeDef GPIO_InitStruct;
  /* GPIO 端口时钟启用 */
  __HAL_RCC_GPIOA_CLK_ENABLE();

  __HAL_RCC_GPIOB_CLK_ENABLE();

  /* 配置 GPIO 引脚输出电平 */
  HAL_GPIO_WritePin(GPIOB,LED_Pin|LED_B_Pin|LED_G_Pin|LED_R_Pin,GPIO_PIN_RESET);

  GPIO_InitStruct.Pin = D0_Pin|D1_Pin|D2_Pin|D3_Pin|VT_Pin;

  GPIO_InitStruct.Mode = GPIO_MODE_INPUT;

  GPIO_InitStruct.Pull = GPIO_PULLDOWN;

  HAL_GPIO_Init(GPIOA, &GPIO_InitStruct);


  GPIO_InitStruct.Pin = LED_Pin|LED_B_Pin|LED_G_Pin|LED_R_Pin;
```

```
GPIO_InitStruct.Mode = GPIO_MODE_OUTPUT_PP;
GPIO_InitStruct.Pull = GPIO_NOPULL;
GPIO_InitStruct.Speed = GPIO_SPEED_FREQ_LOW;
HAL_GPIO_Init(GPIOB, &GPIO_InitStruct);


}
```

3. 实验结果

经过程序的调试、编译，下载到 STM32 主控板，上电，依次按下遥控器 A、B、C、D 按键，观察 LED 灯的显示结果，实验效果如图 11-5 所示。

图 11-5　实验效果图

任务自评

在完成上面的任务之后，根据以下评分标准来检查自己的学习情况。

项目内容	评分点	配分	自评分值
无线遥控接收应用	流程设计正确	20	
	程序编写正确	30	
	实物接线正确	20	
	调试程序正确	30	
合　计		100	

知识扩展

5 伏高频超再生四路解码接收模块任务背景知识

1. 接收模块简介

超再生接收模块采用 LC 振荡电路，内含放大整形功能，输出的数据信号为解码后的高电平信号，使用极为方便，并且价格低廉，所以被广泛使用。带四路解码输出（同时也可改为六路点动或互锁输出），使用方便；频点调试容易；产品质量一致性好，性价比高。

接收模块有较宽的接收带宽，一般为 ±10 MHz，出厂时一般调在 315 MHz 或 433.92 MHz（如有特殊要求可调整频率，频率的调整范围为 266 ~ 433 MHz。）。接收模块一般采用 DC 5 V 供电，如有特殊要求可调整电压范围。

2. 接收模块使用要求

接收模块引脚名称及功能见表 11–1。

表 11–1　　　　　　　　　　接收模块引脚名称及功能

脚位	名称	功能
1	VT	输出状态指示
2	D3	数据输出
3	D2	数据输出
4	D1	数据输出
5	D0	数据输出
6	5V	电源正极
7	GND	电源负极
8	ANT	接天线端

接收模块一共有八个引脚，上面有符号表示。"5V"表示接电源正极，"D0、D1、D2、D3"表示输出，"GND"表示接电源负极，"ANT"表示接天线端。使用前要接上 50 Ω 1/4 波长的天线，并且天线应该是直的，以达到最佳的接收效果，波长 = 光速 / 频率。D3 到 D0 为四个数据位输出脚，分别对应着遥控器的四个按键。工作方式包括三个：M4（点动：按住不松手就输出，一松手就停止输出）、L4（互锁：四路同时只能有一路输出）、T4（自锁：四路相互独立输出、互不影响，按一下输出，再按一下停止输出）。

3. 接收模块应用环境（应用领域）

接收模块应用在无线遥控开关、遥控插座、数据传输、遥控玩具、防盗报警主机，以及车库门、卷闸门、道闸门、伸缩门等门控业及其遥控音响领域等。

思考练习

利用 PT2272_M4 超再生模块控制 RGB 灯的状态，模拟开关的自锁与互锁。

任务十二
继电器控制接口应用

学习目标

1. 应用 STM32L052 主控板、弱控强实验板、OLED 显示实验板、无线遥控实验板和遥控器组建一个继电器控制系统。

2. 用 C 语言编写程序并调试出任务要求的效果。

任务描述

应用 STM32L052 主控板、弱控强实验板、OLED 显示实验板、无线遥控实验板、遥控器组成继电器控制系统，编写程序，通过手动操作遥控器按键，无线遥控实训模块接收，K1 继电器第一秒发出"嘀"，第二秒发出"嗒"的声音依次循环，按下按键 C 关闭继电器 K1 的"嘀嗒"声。K2 继电器为自锁控制，第一次按下按键 A 继电器常开触点吸合，再次按下按键 A 继电器常开触点断开，依次循环。K3 继电器为点触控制，按下按键 D 继电器常开触点吸合，松开按键 D 继电器常开触点断开。K4 继电器为点触控制，按下按键 B 继电器常开触点吸合，松开按键 B 继电器常开触点断开。在 OLED 显示屏上显示 K1 ~ K4 的初始化状态为 1，当按下按键对应的继电器状态显示为 0，同时显示每秒增加 1 的数字。STM32L052 主控板如图 2-1 所示，弱控强实验板如图 12-1 所示，弱控强实验板原理图如图 12-2 所示。

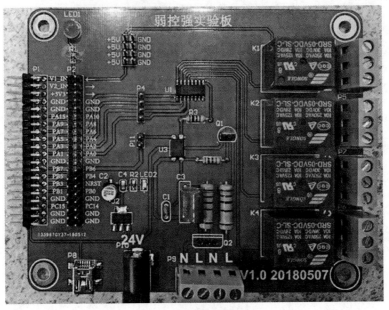

图 12-1　弱控强实验板

知识准备

1. 电路电气隔离常用的方式有哪几种?

_____

_____

2. 理解继电器的工作原理。

_____

_____

任务实施

一、任务分析

无线遥控实训模块与继电器模块接入主控板,并接入 OLED 显示模块,通电,观察继电器 K1 是否反复吸合与释放,按键实现不同的功能。

继电器 K1 以两秒为一个周期吸合与释放一次,即继电器常开触点吸合 1 s,发出"嘀"声;然后继电器常开触点释放 1 s,发出"嗒"声;按下遥控器按键 C 可关闭继电器的动作,无声音。

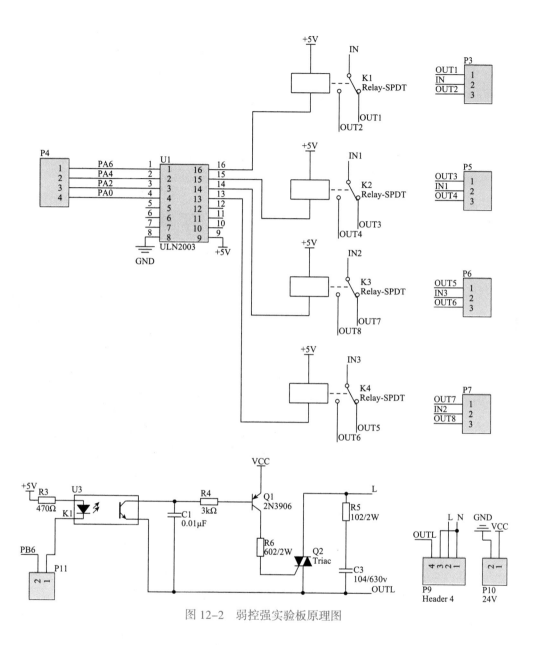

图 12-2　弱控强实验板原理图

继电器 K2 为自锁控制，即按下遥控器按键 A 继电器常开触点吸合，再次按下遥控器按键 A 继电器常开触点释放，依次循环。

继电器 K3 为点动控制，即按下遥控器按键 D 继电器常开触点吸合，松开遥控器按键 D 继电器常开触点释放。

继电器 K4 为点动控制，即按下遥控器按键 B 继电器常开触点吸合，松开遥控器按键 B 继电器常开触点释放。

OLED 显示模块显示 K1 ~ K4 的状态，同时显示每秒增加 1 的数字。

二、任务具体实施

1. 继电器控制接口应用硬件连接

继电器控制接口应用连线方框图如图 12-3 所示，继电器控制接口应用实物连接如图 12-4 所示。

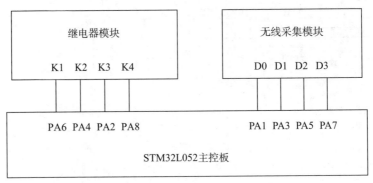

图 12-3 继电器控制接口应用连线方框图

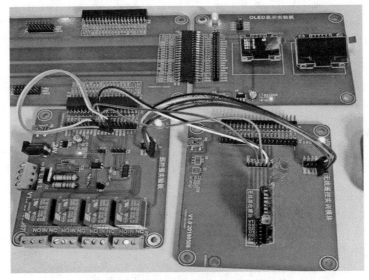

图 12-4 继电器控制接口应用实物连接

将 STM32L052 主控板接入扩展板，扩展板连接 OLED 显示板，OLED 显示板上面插接 I²C OLED 液晶显示模块；扩展板再连接弱控强实验板。最后，将无线遥控实验板接入系统，并确认无线模块已经插接在无线遥控实验板上。

将无线遥控实验板接入系统时，使用 6 根杜邦线连接无线遥控实验板与弱控强实验板。具体操作方法为无线遥控实验板 P3 的 D0、D1、D2、D3 分别连接弱控强实验板 P2 的 PA1、

PA3、PA5、PA7，无线遥控实验板 J1 的 +5 V、GND 分别连接弱控强实验板 J1 的 +5V 和 GND。

2. 继电器控制接口应用软件编程

（1）建立工程

使用 STM32CubeMX 建立工程，任务一已经讲过，此处不再赘述。

（2）主程序流程图

主程序流程图如图 12-5 所示。

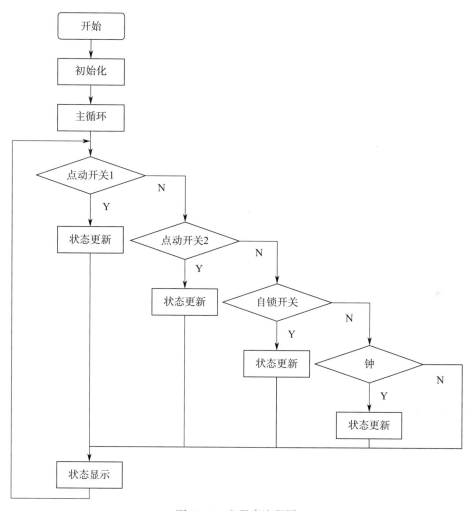

图 12-5 主程序流程图

（3）源程序代码

下面是主要程序代码，有些程序代码这里没有列出，其中重点的程序代码都做了注释，类似的程序代码只做一次注释。

/* 主函数代码 */

```
int main(void)
{
    uint8_t c1[3];  //
    HAL_Init();
    SystemClock_Config();
    MX_GPIO_Init();
    MX_TIM2_Init();
    OLED_GPIO_Init();  // 端口初始化
    OLED_Init();  //OLED 初始化
    / 显示继电器位号 /
    OLED_ShowString(0,0,"k1:",16);
    OLED_ShowString(0,2,"k2:",16);
    OLED_ShowString(0,4,"k3:",16);
    OLED_ShowString(0,6,"k4:",16);
    while (1)
    {
        if(tt<5 ) // 上电显示状态值 4 次
        {
            tt++;
            if(tt==1) ka=1;
            if(tt==2) ka=2;
            if(tt==3) ka=3;
            if(tt==4) ka=4;
        }
        switch(ka)
        {
            Case 0:
                break;
            case 1: // 点动开关
                sprintf(c1,"%d ",aa[0]);  //k1 显示
                OLED_ShowString(35,0,c1,16);
                HAL_GPIO_WritePin(GPIOA,GPIO_PIN_8,GPIO_PIN_SET);  // 端口动作
```

```
            ka=10;
            break;
        case 2://点动开关
            sprintf(c1,"%d ",aa[1]); //k2 显示
            OLED_ShowString(35,2,c1,16);
            HAL_GPIO_WritePin(GPIOA,GPIO_PIN_2,GPIO_PIN_SET);  // 端口动作
            ka=10;
            break;
        case 3://自锁开关
            sprintf(c1,"%d  ",aa[2]); //k3 显示
            OLED_ShowString(35,4,c1,16);
            HAL_GPIO_TogglePin(GPIOA,GPIO_PIN_4); // 端口动作
            break;
        case 4://钟 kt
            sprintf(c1,"%d ",kt);      //k4 显示
            OLED_ShowString(35,6,c1,16);
            ka=10;
            break;
    }
    if(HAL_GPIO_ReadPin(GPIOA,GPIO_PIN_1 | GPIO_PIN_3 | GPIO_PIN_5 |
GPIO_PIN_7 ) ==1 && k0==0 )// 判断进入
    {
        HAL_Delay(40);k0=1; // 消抖作用
        if( HAL_GPIO_ReadPin(GPIOA,GPIO_PIN_1)==1 )  // 点动
        {
            ka =1;kr=1;aa[0]=!aa[0];          // 跳显示，松开检测标志，取反
        }
        else if( HAL_GPIO_ReadPin(GPIOA,GPIO_PIN_3)==1) // 点动
        {
            ka =2;kr=2;aa[1]=!aa[1];          // 跳显示，松开检测标志，取反
        }
        else if( HAL_GPIO_ReadPin(GPIOA,GPIO_PIN_5)==1 )  // 自锁
```

```
        {
            ka =3;aa[2]=!aa[2]; // 跳显示，取反
        }
        else if( HAL_GPIO_ReadPin(GPIOA,GPIO_PIN_7)==1 ) // 钟
        {
            ka =4;kt=!kt; // 跳显示，取反
        }
    }
    else if(HAL_GPIO_ReadPin(GPIOA,GPIO_PIN_1|GPIO_PIN_3)==0 && k0==1)
//k1、k2 松开
    {
        HAL_Delay(40); k0=0; // 消抖作用
        if(HAL_GPIO_ReadPin(GPIOA,GPIO_PIN_1)==0 && kr==1)//k1 松开
        {
            aa[0]=0; ka=1; kr=0;
            HAL_GPIO_WritePin(GPIOA,GPIO_PIN_8,GPIO_PIN_RESET);
        }
        if(HAL_GPIO_ReadPin(GPIOA,GPIO_PIN_3)==0 && kr==2)//k2 松开
        {
            aa[1]=0; ka=2; kr=0;
            HAL_GPIO_WritePin(GPIOA,GPIO_PIN_2,GPIO_PIN_RESET);
        }
    }
  }
}
/* 系统嘀嗒时钟加载 */
void HAL_SYSTICK_Callback(void)
{
    t0++; // 开启计数
    if(t0>=1000)
    {
        t0=0;ss++; // 缓冲 1000 次进入，秒加 1
```

```
if(ss>=60)
{
    ss=0;mm++; //60 秒满，分钟加 1
    if(mm>=60)
    {
        mm=0;hh++;       //60 分钟满，小时加 1
        if(hh>=24) {hh=0;} //24 小时到，回零
    }
}
    if(kt == 1)HAL_GPIO_TogglePin(GPIOA, GPIO_PIN_6);
    // 是否开启嘀嗒响声
    OLED_ShowNum(50,0,ss,5,16);
    }
}
```

3. 实验结果

经过程序的调试、编译，下载到 STM32 主控板，在设备上实现按键切换继电器吸合与释放的效果，如图 12-6 所示。

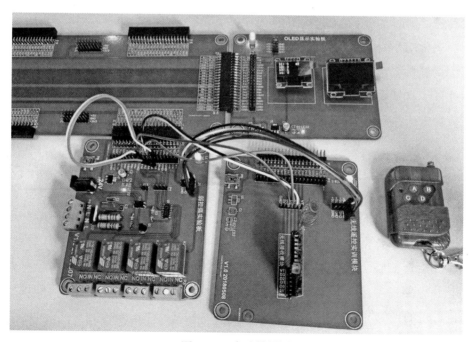

图 12-6 实验效果图

任务自评

在完成上面的任务之后，根据以下评分标准来检查自己的学习情况。

项目内容	评分点	配分	自评分值
继电器控制接口应用	流程设计正确	20	
	程序编写正确	30	
	实物接线正确	20	
	调试程序正确	30	
合　计		100	

知识扩展

一、电气隔离简介

电气隔离是指在电路中避免电流直接从某一区域流到另外区域的方式，也就是在两个区域间不建立电流直接流动的路径。虽然电流无法直接流过，但能量或是信息仍可以经由其他方式传递，例如电容、电磁感应或电磁波，或是利用光学、声学或是机械的方式进行。

电气隔离常用在两个电路的接地不在同一电势上，但彼此需要交换信息或能量的场合。电气隔离因为让两个电路可以不共用接地导体，可以避免不相干的电流在二个电路之间流动，也就切断了接地回路。电气隔离也用在电气安全上，可避免意外产生的电流通过人员身体而造成触电。

二、电气隔离作用

电气隔离的作用主要是减少两个不同的电路之间的相互干扰。例如，某个实际电路工作的环境较差，容易造成接地等故障。如果不采用电气隔离，直接与供电电源连接，一旦该电路出现接地现象，整个电网就可能受其影响而不能正常工作。采用电气隔离后，该电路接地时就不会影响整个电网的工作，同时还可通过绝缘监测装置检测该电路对地的绝缘状况，一旦该电路发生接地，可以及时发出警报，提醒管理人员及时维修或处理，避免保护装置跳闸停电的现象发生。

隔离变压器要根据电源和实际设备的电压等级选定，若实际设备与电源电压等级相同，可以采用变压比为 1 的变压器。但是必须注意，隔离变压器不能采用自耦变压器（因为自耦变压器的一、二次绕组之间本身就存在直接的电气联系，也就是说是不绝缘的，因此不能用来作为电气隔离用）。对于安全性能要求较高的场合，可以采用专门的隔离变压器。

三、电气隔离的方式

变压器：变压器是利用电磁感应原理来改变交流电压的装置，其主要构件是一次绕组、二次绕组和铁芯。主要功能有电压变换、电流变换、阻抗变换、隔离、稳压（磁饱和变压器）等。

光电耦合器：光电耦合器亦称光电隔离器，简称光耦。它是以光为媒介来传输电信号的器件，通常把发光器（红外线发光二极管）与受光器（光敏半导体管，光敏电阻）封装在同一管壳内。当输入端加电信号时发光器发出光线，受光器接受光线之后就产生光电流，从输出端流出，从而实现了"电—光—电"转换。由于光耦具有体积小、寿命长、无触点、抗干扰能力强、输出和输入之间绝缘、单向传输信号等优点，在数字电路上获得广泛应用。

继电器：继电器是一种电子控制器件，它具有控制系统（又称输入回路）和被控制系统（又称输出回路），通常应用在自动控制电路中，它实际上是用较小的电流去控制较大电流的一种"自动开关"。故在电路中起着自动调节、安全保护、转换电路等作用。

思考练习

使用弱控强实验板，通过编程，由光电耦合器控制晶闸管实现交流电的接通与断开。

任务十三
红外线发射接收应用

学习目标

1. 应用 STM32L052 主控板及红外线发射接收实验板、遥控器组建一个无线遥控系统。
2. 用 C 语言编写程序并调试出任务要求的效果。

任务描述

　　应用 STM32L052 主控板及红外线发射接收实验板、遥控器、OLED 组建一个控制系统，通过按下红外遥控器任意按键，红外线发射接收实验板捕获按键码，并通过主控板解码，然后把解码后的编码值显示在 OLED 上，本任务中 OLED 上第一排中间显示汉字"红外解码"，第二排中间显示汉字"学习模式"，第三排显示按键 1 的编码值 01 FD C4 3B。STM32L052 主控板如图 2-1 所示，红外线发射接收实验板如图 13-1 所示，红外线发射接收电路接口原理图如 13-2 所示。

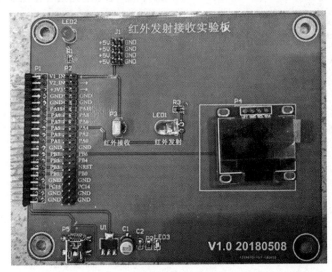

图 13-1　红外线发射接收实验板

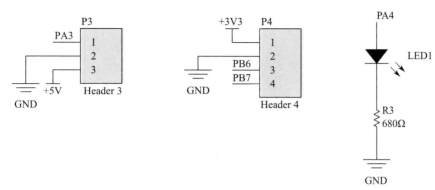

图 13-2　红外线发射接收电路接口原理图

知识准备

如何理解红外线发射与接收原理及其应用？

任务实施

一、任务分析

为了完成上述任务，主要是测试解码遥控器和红外接收器正常。STM32L052 检测到遥控器发射的起始信号（9 ms 低电平和 4.5 ms 高电平）后开始接收 32 位数据，每位数据由低电平脉宽为 0.565 ms、高电平脉宽 0.56 ms、周期为 1.125 ms 的组合表示二进制的 "0"，或者以低电平脉宽为 0.565 ms、高电平 1.685 ms、周期为 2.25 ms 的组合表示二进制的 "1" 组成，32 位数据由 16 位用户码、8 位数据码、8 位数据反码构成，32 位数据共 4 个字节，当 4 个字节全部接收以后，可以把 8 位数据码取反与 8 位数据反码进行对比，如果相同说明数据接收正确。

二、任务具体实施

1. 红外线发射接收应用硬件连线

在前面显示原理的分析基础上，本红外线发射接收应用连线方框图如图 13-3 所示，实物接线如图 13-4 所示。

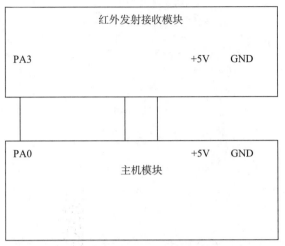

图 13-3　红外线发射接收应用连线方框图

图 13-4　红外线发射接收应用实物接线图

2. 红外线发射接收应用软件编程

（1）建立工程

使用 STM32CubeMX 建立工程，任务一已经讲过，这里不再赘述。

（2）主程序流程图

主程序流程图如图 13-5 所示。

（3）源程序代码

下面是主要程序代码，有些程序代码这里没有列出，其中重要的地方都做了注释，类似的地方只做了一次注释。

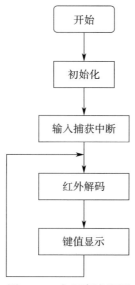

图 13-5 主程序流程图

/* 用户代码开始 */

void HAL_TIM_IC_MspInit(TIM_HandleTypeDef *htim)

{

    GPIO_InitTypeDef GPIO_InitStruct;

    /* 启用外设和 GPIO 时钟 */

    /* TIM2 外围时钟使能 */

    __HAL_RCC_TIM2_CLK_ENABLE();

    /* 启用 GPIO 通道时钟 */

    __HAL_RCC_GPIOA_CLK_ENABLE();

    /* 配置 (TIM2_Channel2) 在可选功能，推拉和高速 */

    GPIO_InitStruct.Pin = GPIO_PIN_0;   // 红外线采集端

    GPIO_InitStruct.Mode = GPIO_MODE_AF_PP;

    GPIO_InitStruct.Pull = GPIO_PULLUP;

    GPIO_InitStruct.Speed = GPIO_SPEED_FREQ_VERY_HIGH;

    GPIO_InitStruct.Alternate = GPIO_AF2_TIM2;

    HAL_GPIO_Init(GPIOA , &GPIO_InitStruct);

    /* 设置 TIM2 全局中断 */

```
    HAL_NVIC_SetPriority(TIM2_IRQn, 0, 1);

    /* 启用 TIM2 全部中断 */
    HAL_NVIC_EnableIRQ(TIM2_IRQn);
}
/* 用户代码完 */
/* 主函数代码 */
int main(void)
{
    HAL_Init();        //STM32 初始化
    SystemClock_Config();   // 时钟初始化
    MX_GPIO_Init();      // 引脚初始化
    MX_I2C1_Init(); //I²C 协议的初始化
    MX_TIM2_Init(); // 定时器 2 初始化
    OLED_Init();      //OLED 初始化
    OLED_Clear(); //OLED 清屏
    // 上电显示'红外解码'
    OLED_ShowCHinese(32,0,10);
    OLED_ShowCHinese(48,0,11);
    OLED_ShowCHinese(64,0,12);
    OLED_ShowCHinese(80,0,13);
    OLED_ShowCHinese(32,2,14);
    OLED_ShowCHinese(48,2,15);
    OLED_ShowCHinese(64,2,16);
    OLED_ShowCHinese(80,2,17);
    while (1)  //while 循环括号内程序
    {;}
}
/* TIM2 初始化函数 */
static void MX_TIM2_Init(void) // 定时器 2 的输入捕获配置
{
    htim2.Instance = TIM2;
```

```
    htim2.Init.Prescaler = 31;

    htim2.Init.CounterMode = TIM_COUNTERMODE_UP;

    htim2.Init.Period = 0XFFFF;

    htim2.Init.ClockDivision = TIM_CLOCKDIVISION_DIV1;

    if (HAL_TIM_IC_Init(&htim2) != HAL_OK)

    {

        Error_Handler();

    }

    HAL_TIM_Base_Start_IT(&htim2);


    sICConfig.ICPolarity  = TIM_ICPOLARITY_RISING; // 输入 / 捕获上升沿有效

    sICConfig.ICSelection = TIM_ICSELECTION_DIRECTTI; // 直接转换

    sICConfig.ICPrescaler = TIM_ICPSC_DIV1; // 输入模式下 , 捕获端口上的每一次边沿都触发
一次捕获

    sICConfig.ICFilter    = 0; // 捕获采样频率

    /*–3– 初始化输入捕获通道 1 相关参数 */

    HAL_TIM_IC_ConfigChannel(&htim2, &sICConfig, TIM_CHANNEL_1);

    /*–4– 启动定时输入捕获通道 1 中断 */

    HAL_TIM_IC_Start_IT(&htim2, TIM_CHANNEL_1);

}


/* 编码显示部分 */
void display_hw(void)
{

    uint8_t i,j;

    if(hw_ok) // 解码成功

    {

        if((hw_out[2]|hw_out[3])==0xff)

        {

            for(i=0;i<4;i++)

            {

                j = hw_out[i]/16; // 取出高位     0~4
```

```
            OLED_ShowChar(i*32,4,num[j],16);
            OLED_ShowChar(i*32+16,4,' ',16);
            j = hw_out[i]%16; // 取出低位  0~4
            OLED_ShowChar(i*32+8,4,num[j],16);
            OLED_ShowChar(i*32+24,4,' ',16);
        }
    }
    hw_ok=0;hw_j=0; // 显示标志复位
  }
}
/* 解码部分 */
  void hw_in(void)
  {
    if(ss<4700) // 帧头时长
    {
      hw_l>>=1; //
      if(hw_j==0)
      {
        if(ss>4200)
        {
          hw_l=0;hw_j=1;
        }
      else table=0;
      }
    else if(hw_j==1)
    {
      if(ss<1800)
      {
        if(ss>1400) // '1'
        {
          hw_i++;hw_ll=0x80;
        }
```

```
            else if((ss<800)&&(ss>300)) // '0'
        {
            hw_i++;
        }
            else {hw_i=0;hw_j=0;}
        }
        else {hw_i=0;hw_j=0;}
      }
    }
    else {hw_i=0;hw_j=0;}
    if((hw_i%8)==0)
    {
        if((hw_i/8)==1) {hw_out[0]=hw_l;hw_l=0;}
        else if((hw_i/8)==2) {hw_out[1]=hw_l;hw_l=0;}
        else if((hw_i/8)==3) {hw_out[2]=hw_l;hw_l=0;}
        else if((hw_i/8)==4) {hw_out[3]=hw_l;hw_l=0;hw_ok=1;}
    }
    display_hw();
}
/* 定时器回调函数 */
void HAL_TIM_PeriodElapsedCallback(TIM_HandleTypeDef *htim)
{
    if((htim->Instance)==TIM2 )
    {
        table++;
    }
}
/* 输入捕获函数 */
void HAL_TIM_IC_CaptureCallback(TIM_HandleTypeDef *htim)
{
    if((htim->Channel)==HAL_TIM_ACTIVE_CHANNEL_1)
    {
```

```
    if(by==0)
    {
        s1=HAL_TIM_ReadCapturedValue(&htim2, TIM_CHANNEL_1 );
        table=0;
        by=1;
        __HAL_TIM_SET_CAPTUREPOLARITY(&htim2,TIM_CHANNEL_1,IM_ICPOLARITY_
FALLING);
    }
    else if(by==1)
    {
        s2=HAL_TIM_ReadCapturedValue(&htim2, TIM_CHANNEL_1 );
        if(s2>s1) ss=s2-s1;
        else if(s1>s2) ss=65536-s1+s2;
        else ss=0;
        hw_in();
        __HAL_TIM_SET_CAPTUREPOLARITY(&htim2,TIM_CHANNEL_1,TIM_ICPOLARITY_
RISING);
        by=0;
    }
  }
}
/* OLED 的显示纯数值函数，显示 2 个数字，x，y，为起点坐标，len 为数字的位数，size
为字体大小，mode 是模式选择，0 表示填充模式；1 表示叠加模式，num 为数值，范围为
0~4294967295 */
void OLED_ShowNum(uint8_t x,uint8_t y,uint32_t num,uint8_t len,uint8_t size2)
{
    uint8_t t,temp;
    uint8_t enshow=0;
    for(t=0;t<len;t++)
    {
        temp=(num/oled_pow(10,len-t-1))%10;
        if(enshow==0&&t<(len-1))
```

```
{
    if(temp==0)
    {
        OLED_ShowChar(x+(size2/2)*t,y,' ',size2);
        continue;
    }
    else enshow=1;
}
OLED_ShowChar(x+(size2/2)*t,y,temp+'0',size2);
    }
}
```

3. 实验结果

经过程序的调试、编译，下载到 STM32 主控板，按键 1，解码后其值为 01 FD C4 3B 显示在 OLED 上，如图 13-6 所示。

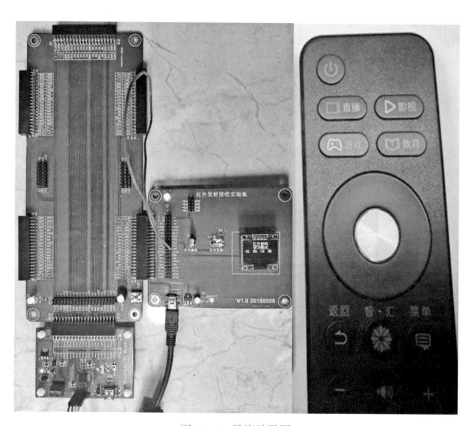

图 13-6　最终效果图

任务自评

在完成上面的任务之后，用下面的评分标准来检查自己的学习情况。

项目内容	评分点	配分	自评分值
红外线发射接收应用	流程设计正确	20	
	程序编写正确	30	
	实物接线正确	20	
	调试程序正确	30	
合　计		100	

知识扩展

任务背景知识

红外线接收模组（InfraRed Receiver Module，简称 IRM）为 OPIC（Optical IC）的一种，OPIC 为光电元件与集成电路（IC）的组合元件，是一个集成化红外线接收元件，是将红外检测二极管与特殊应用集成电路（ASIC）共同组合封装而成的产品，可以简化应用产品的电路设计。

红外线一体化接收头一般是集接收、放大、解调于一体，内部电路包括红外监测二极管、放大器、限幅器、带通滤波器、积分电路、比较器等。红外监测二极管监测到红外信号，然后把信号送到放大器和限幅器，限幅器把脉冲幅度控制在一定的水平，而不论红外发射器和接收器的距离远近。交流信号进入带通滤波器，带通滤波器可以通过 30 kHz 到 60 kHz 的负载波，通过解调电路和积分电路进入比较器，比较器输出高低电平，还原出发射端的信号波形。注意输出的高低电平和发射端是反相的，目的是提高接收的灵敏度。所有红外线遥控器的输出都是用编码后的串行数据对 30～56 kHz 的方波进行脉冲幅度调制而产生的。如果直接对已调波进行测量，由于单芯片系统的指令周期是微秒（μs），而已调波的脉宽只有 20 多微秒，会产生很大的误差。因此，先要对已调波进行解调，对解调后的波形进行测量。

红外信号经接收头解调后，数据"0"和"1"的区别通常体现在高低电平的时间长短或信号周期上，单片机解码时，通常将接收头输出脚连接到单片机的外部中断，结合定时器判断外部中断间隔的时间从而获取数据。重点是找到数据"0"和"1"间的波形差别。输出端可与 CMOS、TTL 电路相连，这种接收头广泛用在空调、电视等电器中。早期的红外一体化接收头一般由集成电路与接收二极管焊接在一块电路板上组成，这种接收头具有体积大的缺点，现在的接收头是集成电路与接收二极管封装在一起的，不可拆，不可修，体积很小。大多数接收头供电为 5 V。

红外接收头的种类很多，引脚定义也各不相同，一般都有三个引脚，包括供电、接地和信号输出脚。根据发射端调制载波的不同应选用相应解调频率的接收头。红外接收头内部放大器的增益很大，很容易引起干扰，因此在接收头的 VCC（电压）PIN 脚与 GND（地线）脚须加上滤波电容，红外发射器可从遥控器厂家定制，也可以应用单片机的 PWM 制作，家庭遥控推荐使用红外发射管（L5IR4-45）的可产生 37.91 kHz 的 PWM，PWM 占空比设置为 1/3，通过简单的定时中断开关 PWM，即可产生发射波形。

思考练习

利用红外发射接收功能实现继电器模块的吸合功能。

任务十四
超声波模块应用

学习目标

1. 应用 STM32L052 主控板、超声波测距实验板、超声波模块、数码管显示实验板搭建一个超声波检测距离的系统。

2. 用 C 语言编写程序并调试出任务要求的效果。

任务描述

应用 STM32L052 主控板、超声波测距实验板、超声波模块、数码管显示实验板搭建超声波检测距离的系统，本任务测量超声波发射端与障碍物之间的距离，同时把该距离显示在数码管上。STM32L052 主控板如图 2-1 所示，超声波测距实验板与超声波模块如图 14-1 所示。

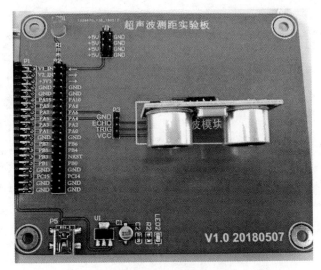

图 14-1　超声波测距实验板与超声波模块

知识准备

超声波测距的工作原理是什么？

_____

_____

任务实施

一、任务分析

为了完成上述任务，首先要掌握超声波工作原理，其工作原理为：STM32L502 主控板先向超声波模块的 TRIG 引脚控制端输入至少 10 μs 的触发信号，该模块内部将发出 8 个 40 kHz 周期电平并检测回波。一旦主控板 CPU 检测到有回波信号，则 ECHO 引脚接收端输出高电平回响信号，回响信号的脉冲宽度与所测的距离成正比。由此通过发射信号到收到的回响信号的时间间隔可以计算得出距离，其公式为：距离 = 高电平时间 × 声速（340 m/s）÷ 2。这个距离就是超声波距离前面物体的距离值。数码管显示的程序前面已经讲过，这里只要编写超声测距程序即可。

二、任务具体实施

1. 超声波测距模块连接及分析

根据前面的分析，超声波测距连线方框图如图 14-2 所示。将 STM32L052 主控板接入扩展板，数码管实验板和超声波测距实验板都连接到扩展板上，并将超声波模块插接在超声波测距实验板上。超声波测距实物接线如图 14-3 所示。

2. 超声波测距软件编程

（1）建立工程

使用 STM32CubeMX 建立工程，任务一已经讲过，这里不再赘述。

（2）主程序流程图

主程序流程图如图 14-4 所示。

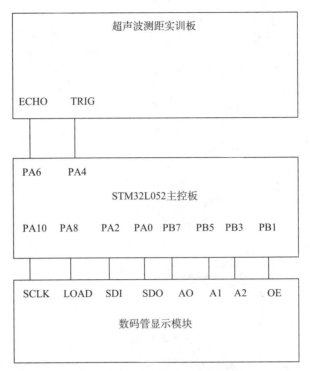

图 14-2　超声波测距连线方框图

图 14-3　超声波测距实物接线图

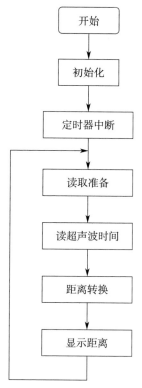

图 14-4　主程序流程图

（3）源程序代码

1）数码管显示程序代码

前面介绍过数码管模块，此处不再赘述。

2）超声波发送接收程序代码

```
/* 定时器 21 配置 1μs */
static void MX_TIM2_Init(void)
{
    TIM_ClockConfigTypeDef sClockSourceConfig;
    TIM_SlaveConfigTypeDef sSlaveConfig;
    TIM_MasterConfigTypeDef sMasterConfig;
    htim2.Instance = TIM2;
    htim2.Init.Prescaler = 3199;
    htim2.Init.CounterMode = TIM_COUNTERMODE_UP;
    htim2.Init.Period = 9;
    htim2.Init.ClockDivision = TIM_CLOCKDIVISION_DIV1;
```

```
    if (HAL_TIM_Base_Init(&htim2) != HAL_OK)
    {
        Error_Handler();
    }
    htim21.Instance = TIM21;
    htim21.Init.Prescaler = 31;    //1μs
    htim21.Init.CounterMode = TIM_COUNTERMODE_UP;
    htim21.Init.Period =9; //1μs
    htim21.Init.ClockDivision = TIM_CLOCKDIVISION_DIV1;
    if (HAL_TIM_Base_Init(&htim21) != HAL_OK)
    {
        Error_Handler();
    }
}


/* 超声波启动距离转换，发送脉冲并等待应答信号 */
uint32_t ys=0;
void call(void)
{
    uint8_t i=30; // 用来启动距离转换延时
    /* 启动距离转换脉冲 */
    HAL_GPIO_WritePin(GPIOA,TRIG_Pin,GPIO_PIN_SET);
    while(i--);
    HAL_GPIO_WritePin(GPIOA,GPIO_PIN_4,GPIO_PIN_RESET);
    //=================================================
    if(HAL_GPIO_ReadPin(GPIOA,ECHO_Pin)==1)
    {
        ys=0; // 计时清零
        begin=1; // 开启转换
    }
}
```

```
/* 回调函数，收到回答，启动定时器开始计数，计算出结果 */
void HAL_TIM_PeriodElapsedCallback(TIM_HandleTypeDef *htim)
{
    static uint16_t i=0;
    if(htim->Instance == TIM2)// 秒、分、时，用于时间显示
    {
        i++;
        if(i>= 1000)  // 加载 1000 次进入，相当于延时 1 秒
        {
            i=0; ss++;
            if(ss>=60)
            {
                ss=0;mm++;
                if(mm>=60)
                {
                    mm=0;hh++;
                    if(hh>=24) hh=0;
                }
            }
        }
    }
    if((htim->Instance == TIM21) &&begin==1)
    {
// 定时器计时 ys*10 微秒
        if(HAL_GPIO_ReadPin(GPIOA,ECHO_Pin)==1) {ys++; }
        else
        {
            begin=2; // 转换完成
            ys=ys*1.72/10;// 换算成 ys 厘米
            if(ys<=32&&ys>=5) //5cm-32cm 障碍范围内
                {SMG_F3(ys,0);}// 功能 3：数码管 5 位数显示
            else if(ys>32) // 大于 32cm 无障碍
```

```
        {SMG_F3(10,0);} // 功能 3：数码管 5 位数显示
     else if(ys<5) // 小于 5cm 进入盲区
        {SMG_F3(0,1);}
     begin=0;
   }
 }
}
/* 主函数代码 */
int main(void)
{
  SystemClock_Config();  // 时钟初始化
  MX_GPIO_Init();     // 引脚初始化
  MX_TIM2_Init();        //STM32 初始化
  HAL_TIM_Base_Start_IT(&htim2); // 定时器 2 的启动命令
  HAL_TIM_Base_Start_IT(&htim21); // 定时器 21 的启动命令
  while (1)   //while 循环括号内程序
  {
    if( begin==0)
    {
      call();
    }
  }
}
/* 引脚初始化函数 */
static void MX_GPIO_Init(void)
{
  GPIO_InitTypeDef  GPIO_InitStruct;
  __HAL_RCC_GPIOB_CLK_ENABLE(); // 引脚 B 时钟使能
  GPIO_InitStruct.Pin =GPIO_PIN_0;
  GPIO_InitStruct.Mode =  GPIO_MODE_OUTPUT_PP; // 引脚为输入状态
  GPIO_InitStruct.Pull = GPIO_PULLDOWN; // 引脚为下拉高电平有效
  GPIO_InitStruct.Speed = GPIO_SPEED_FREQ_HIGH; // 运行速度为高速
```

HAL_GPIO_Init(GPIOB, &GPIO_InitStruct); // 端口 B 初始化

}

3. 实验结果

经过程序的调试、编译，下载到 STM32 主控板，上电，可用书本模拟障碍物进行测试。障碍物从远离超声波发射接收探头开始，逐步向探头靠近，观察数码管的显示结果。实验效果如图 14-5 所示。

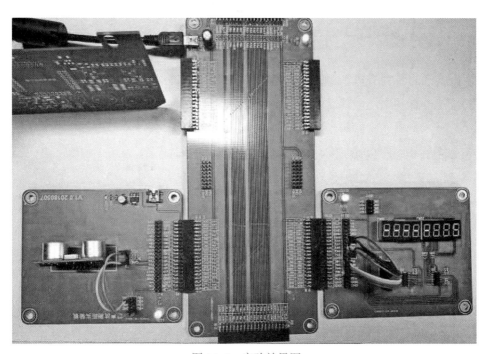

图 14-5　实验效果图

任务自评

在完成上面的任务之后，用下面的评分标准来检查自己的学习情况。

项目内容	评分点	配分	自评分值
超声波应用	流程设计正确	20	
	程序编写正确	30	
	实物接线正确	20	
	调试程序正确	30	
合　计		100	

知识扩展

一、任务背景知识

当物体振动时会发出声音，将每秒钟振动的次数称为声音的频率，单位是赫兹。人耳能听到的声波频率为 16 ~ 20 000 Hz。因此，当物体的振动超过一定的频率，即高于人耳听阈上限时，人们便听不出来了，这样的声波称为"超声波"。通常用于医学诊断的超声波频率为 1 ~ 5 MHz。

产生超声波的装置有机械型超声发生器，有利用电磁感应和电磁作用原理制成的电动超声发生器，也有利用压电晶体的电致伸缩效应和铁磁物质的磁致伸缩效应制成的电声换能器等。

超声波时序图如图 14–6 所示，编写程序时要认真读时序图。

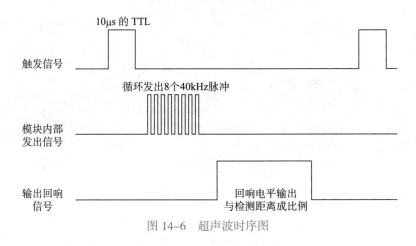

图 14–6　超声波时序图

二、定时器简介

1. 通用定时器功能特点

STM32 定时器功能特点区别见表 14–1。

表 14-1 　　　　　　　　　　　　　　 STM32 定时器功能特点

定时器种类	位数	计数器模式	产生 DMA 请求	捕获 / 比较通道	特殊应用场景
通定时器（TIM2、TIM3）	16	向上，向下，向上 / 下	可以	4	通用定时器，PWM 输出，输入捕获，输出比较、单脉冲输出
通定时器（TIM21、TIM22）	16	向上，向下，向上 / 下	可以	2	通用定时器，PWM 输出，输入捕获，输出比较、单脉冲输出
基本定时器（TIM6、TIM7）	16	向上	没有	2	主要用于 DAC 同步

上面表格描述了 3 种定时器的位数、计数器模式、产生 DMA 请求与否、捕获 / 比较通道、特殊应用场景等，其中 STM32 的通用定时器 TIMx（TIM2、TIM3）功能特点包括：第一，具有 16 位向上、向下、向上 / 向下（中心对齐）计数模式，有自动装载计数器（TIMx_CNT）；第二，具有 16 位可编程预分频器（TIMx_PSC），计数器时钟频率的分频系数为 1～65 535 之间的任意数值；第三，具有 4 个独立通道（TIMx_CH1-4），这些通道可以用来作为输入捕获、输出比较、PWM 生成、单脉冲模式输出。

2. 定时器产生中断事件

下面事件发生时将会产生中断：

第一，计数器向上溢出 / 向下溢出，

第二，触发事件：计数器启动、停止、初始化或者由内部 / 外部触发计数。

第三，输入捕获。

第四，输出比较。

第五，支持针对定位的增量编码器和霍尔传感器电路。

第六，触发输入作为外部时钟或者按周期的电流管理。

STM32 的通用定时器可以用于测量输入信号的脉冲长度（输入捕获）或者产生输出波形（输出比较和 PWM）等。使用定时器预分频器和 RCC 时钟控制器预分频器时，脉冲长度和波形周期可以在几微秒到几毫秒间调整，STM32 的每个通用定时器都是完全独立的，没有互相共享的任何资源。

3. 计数器模式

通用定时器可以向上计数、向下计数、中心对齐模式，如图 14-7 所示。

第一，向上计数模式：计数器从 0 计数到自动装入值（TIMx_ARR），然后重新从 0 开始计数并且产生一个计数器溢出事件。

第二，向下计数模式：计数器从自动装入值（TIMx_ARR）开始向下计数到 0，然后从自动装入的值重新开始，并产生一个计数器溢出事件。

第三，中心对齐模式（向上／向下计数）：计数器从 0 开始计数到自动装入值 –1，产生一个计数器溢出事件，然后向下计数到 1 并且产生一个计数器溢出事件；随后再从 0 开始重新计数。

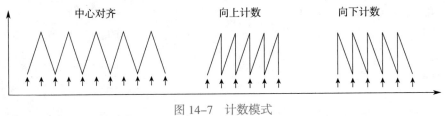

图 14-7　计数模式

4. 计数器寄存器

计数器寄存器（TIMx_CNT）分为向上计数、向下计数、中心对齐计数。

预分频器寄存器（TIMx_PSC），可将时钟频率按 1 到 65 536 之间的任意值进行分频，可在运行时改变其设置值。

5. 捕捉比较阵列介绍

捕捉比较阵列中每个定时器有 4 个同样的捕捉比较通道。可以用编程的方法设定通道的方向为输入还是输出，每个通道由捕捉／比较寄存器、捕捉的输入部分、比较的输出部分组成，其中针对捕捉的输入部分有 4 位数字滤波器和输入捕捉分频器，输入捕捉分频器指检测到每个边沿完成捕捉、每产生 2 个事件完成捕捉、每产生 4 个事件完成捕捉、每产生 8 个事件完成捕捉，针对比较的输出部分组成包括比较器和输出控制。

6. PWM 模式

在 PWM 模式运行中，定时器 2、3 可以产生 4 位独立的信号。PWM 模式运行产生频率和占空比可以进行如下设定，一个自动重载寄存器用于设定 PWM 的周期，每个 PWM 通道有一个捕捉比较寄存器用于设定占空比。例如，产生一个 40 kHz 的 PWM 信号，在定时器 2 的时钟为 72 MHz 下，占空比为 50%，预分频寄存器设置为 0，计数器的时钟为 TIMICLK/（0+1），自动重载寄存器设为 1 799，CCRx 寄存器设为 899。

思考练习

利用超声波检测距离并使用 LED 灯亮灭的时间表示距离的长短。

任务十五
8×8 RGB 全彩点阵应用

学习目标

1. 应用 STM32L052 主控板、扩展板、RGB 全彩点阵模块实验板组建一个全彩点阵显示系统。

2. 用 C 语言编写程序并调试出任务要求的效果。

任务描述

应用 STM32L052 主控板、扩展板、RGB 全彩点阵模块实验板搭建一个全彩点阵显示系统，通过 74HC595 芯片控制 RGB 全彩点阵的显示，在 8×8 RGB 全彩点阵上循环显示数字 0~7，每秒显示一个数字，当循环到 0 时，点阵为全灭状态，显示 1 时字体为红色，显示 2 时字体为绿色，显示 3 时字体为蓝色，显示 4 时字体为黄色，显示 5 时字体为青色，显示 6 时字体为紫色，显示 7 时字体为白色，依次循环。

STM32L052 主控板如图 2-1 所示，RGB 全彩点阵模块如图 15-1 所示，RGB 全彩点阵模块原理图如图 15-2 所示。

图 15-1　RGB 全彩点阵模块

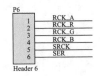

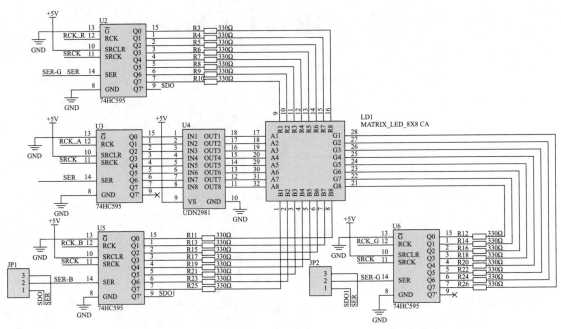

图 15-2　RGB 全彩点阵模块原理图

知识准备

一、如何理解 RGB 全彩点阵的工作原理？

二、如何应用 RGB 全彩点阵显示各种组合颜色（红、绿、蓝除外）？

任务实施

一、任务分析

为了完成上述任务，明确其工作原理为 STM32L502 主控板控制 74HC595 芯片对 RGB 全彩点阵模块动态扫描，动态扫描方式是逐行轮流点亮，这样扫描驱动电路就可以实现多行的同名列共用一列驱动器。

把所有同一行的发光管的阴极连在一起，把所有同一列的发光管的阳极连在一起（共阴的接法），先送出对应第 1 列发光管亮灭的数据并锁存，然后选通第 1 列使其点亮一定的时间，然后熄灭；再送出第 2 列的数据并锁存，然后选通第 2 列使其点亮相同的时间，然后熄灭……第 16 列之后，又重新点亮第 1 列，如此反复。当这样反复的速度足够快（每秒 24 次以上），由于人眼的视觉暂留现象，就能看到显示屏上稳定的图形。该方法能驱动较多的 LED，控制方式灵活，节省芯片引脚。

在编写程序时，先写 74HC595 芯片和 UDN2981 驱动，再写显示各个颜色的程序，除了全彩点阵本来可以显示红、绿、蓝外，其余的颜色则是这三种颜色不同方式的组合，即用颜色的混合方法可以组合 7 种颜色。

二、任务具体实施

1. RGB 全彩点阵硬件连接及分析

根据前面的分析，主控板和 RGB 全彩点阵模块接线方框图如图 15-3 所示，主控板和 RGB 全彩点阵模块实物接线如图 15-4 所示。

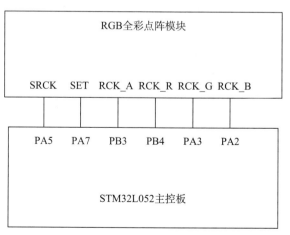

图 15-3 主控板和 RGB 全彩点阵模块接线方框图

　　将 STM32L052 主控板接入扩展板，扩展板再接 RGB 全彩点阵模块。使用 6 根杜邦线连接 RGB 全彩点阵模块相关接口，具体操作方法为 RGB 全彩点阵模块 P4 "SRCK" 连接 P2 的 "PA5"，P4 "SET" 连接 P2 的 "PA7"，P4 "RCK_A" 连接 P2 的 "PB3"，P4 "RCK_R" 连接 P2 的 "PA4"，P4 "RCK_G" 连接 P2 的 "PA3"，P4 "RCK_B" 连接 P2 的 "PA2"。

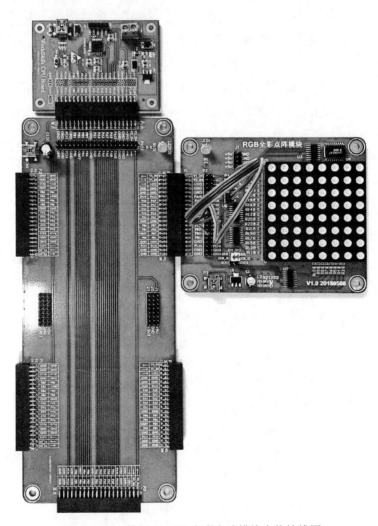

图 15-4　主控板和 RGB 全彩点阵模块实物接线图

2. RGB 全彩点阵模块软件编程

（1）建立工程

使用 STM32CubeMX 建立工程，任务一已经讲过，这里不再赘述。

（2）主程序流程图

主程序流程图如图 15-5 所示。

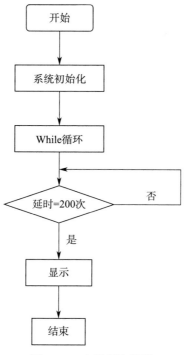

图 15-5 主程序流程图

（3）源程序代码

下面是主要程序代码，有些程序代码这里没有列出，其中重要的地方都做了注释，类似的程序代码只做了一次注释。

1）数码管显示程序代码

```
/*---------------------8x8LED.c ----------------------
#include "8x8LED.h"    // 引入头文件
#include "LIB_Config.h"
#include "math.h"
void _8x8_GPIO_Init(void)  // 点阵接口初始化函数
{
    static GPIO_InitTypeDef  GPIO_InitStruct;
    __HAL_RCC_GPIOA_CLK_ENABLE();
    __HAL_RCC_GPIOB_CLK_ENABLE();
    GPIO_InitStruct.Pin =
                __74595_SRCK|__74595_SET|__74595_RCK_8x8_R|__74595_RCK_8x8_
                G|__74595_RCK_8x8_B;  // 定义具体的引脚，这里用了宏定义
```

```
        GPIO_InitStruct.Mode = GPIO_MODE_OUTPUT_PP; // 定义具体的引脚
        GPIO_InitStruct.Pull = GPIO_PULLUP;
        GPIO_InitStruct.Speed = GPIO_SPEED_FREQ_VERY_HIGH ;
        HAL_GPIO_Init(GPIOA, &GPIO_InitStruct);
        GPIO_InitStruct.Pin = __74595_RCK_8x8_A;
        GPIO_InitStruct.Mode = GPIO_MODE_OUTPUT_PP;
        GPIO_InitStruct.Pull = GPIO_PULLUP;
        GPIO_InitStruct.Speed = GPIO_SPEED_FREQ_VERY_HIGH ;
        HAL_GPIO_Init(__74595_RCK_GPIO_8x8_A, &GPIO_InitStruct);
}
/* 下面是 595 驱动函数 */
    void Disp_595_8x8_A(uint8_t data)  {
        uint8_t i;            // 定义循环次数变量
        for(i = 0;i<8;i++)      // 有 8 个点阵，循环 8 次
    {
        if(((data >> 7) & 1 )== 1) // 把数据右移 7 位和 1 与，即检测最高位是否为 1
            __74595_SET_SET();   // 如果是 1，就置位
        else
        __74595_SET_CLR();       // 否则清零
        data <<= 1;      // 数据左移 1 位，即把次高位的数据移到最高位。
        __74595_SRCK_SET();  // 拉高，主要看 595 芯片时序
        __74595_SRCK_CLR(); // 拉低，主要看 595 芯片时序
    }
        __74595_RCK_8x8_A_SET();// 先高后低，把所有数据输送出去，依据 595 芯片时序
        __74595_RCK_8x8_A_CLR();
}

/* 下面是红色点阵显示的函数 */
void Disp_595_8x8_R(uint8_t data)
{
    uint8_t i;
    for(i = 0;i<8;i++)      // 循环 8 次
```

```
{
    if(((data >> 7) & 1 )== 1) //检测最高位是否为 1
        __74595_SET_SET();
    else
        __74595_SET_CLR();
    data <<= 1;           // 次高位的数据移到最高位
    __74595_SRCK_SET(); // 拉高，主要看 595 芯片时序
    __74595_SRCK_CLR(); // 拉低，主要看 595 芯片时序
}
__74595_RCK_8x8_R_SET();// 先高后低，把所有数据输送出去，即点亮红色

    __74595_RCK_8x8_R_CLR();
}
/* 下面是绿色点阵显示的函数，因很多程序和前面红色的相同，注释可以参照前面的 */
void Disp_595_8x8_G(uint8_t data)
{
    uint8_t i;
    for(i = 0;i<8;i++)
    {
        if(((data >> 7) & 1 )== 1)
            __74595_SET_SET();
        else
            __74595_SET_CLR();
        data <<= 1;
        __74595_SRCK_SET();
        __74595_SRCK_CLR();
    }
    __74595_RCK_8x8_G_SET();// 先高后低，把所有数据输送出去，即点亮红色
    __74595_RCK_8x8_G_CLR();
}
```

/* 下面是蓝色点阵显示的函数，因很多程序和前面红色的相同，注释可以参照前面的 */

```
void Disp_595_8x8_B(uint8_t data)
{
    uint8_t i;
    for(i = 0;i<8;i++)
    {
        if(((data >> 7) & 1 )== 1)
            __74595_SET_SET();
        else
            __74595_SET_CLR();
        data <<= 1;
        __74595_SRCK_SET();
        __74595_SRCK_CLR();
    }
    __74595_RCK_8x8_B_SET(); //先高后低，把所有数据输送出去，即点亮蓝色
    __74595_RCK_8x8_B_CLR();
}


// 显示任意颜色任意字符的函数，即应用颜色的组合得到不同颜色
void Display_8x8_led(uint8_t colour,uint8_t data)
{
    uint8_t i, j;
    data = data – ' '; //数据要转化成 ASCAII 码
    switch(colour)      //选择颜色
    {
        case 0:              //选择 0 时点阵熄灭
            for(i = 0;i < 8;i++)  //点阵有 8 列
            {
                for(j = 0;j < 5;j++) //显示消隐
                {
                    Disp_595_8x8_A(0X01<<i); //移动 8 次
                    Disp_595_8x8_R(0XFF);  //送不显示的数据，关显示
                    Disp_595_8x8_G(0XFF);  //关显示
```

```
            Disp_595_8x8_B(0XFF);    // 关显示
        }
        Disp_595_8x8_R(0XFF);       // 关显示
        Disp_595_8x8_G(0XFF);       // 关显示
        Disp_595_8x8_B(0XFF);       // 关显示
    }
    break;
case 1:                  //1 显示红色
    for(i = 0;i < 8;i++)
    {
        for(j = 0;j < 5;j++)
        {
            Disp_595_8x8_A(0X01<<i);
        Disp_595_8x8_R(~c_chFont0806[data][i]); // 开红色
            Disp_595_8x8_G(0XFF);
            Disp_595_8x8_B(0XFF);
        }
        Disp_595_8x8_R(0XFF);
        Disp_595_8x8_G(0XFF);
        Disp_595_8x8_B(0XFF);
    }
    break;
case 2:                  //2 显示绿色
    for(i = 0;i < 8;i++)
    {
        for(j = 0;j < 5;j++)
        {
            Disp_595_8x8_A(0X01<<i);
            Disp_595_8x8_R(0XFF);
            Disp_595_8x8_G(~c_chFont0806[data][i]); // 开绿色
            Disp_595_8x8_B(0XFF);
        }
```

```
      Disp_595_8x8_R(0XFF);
      Disp_595_8x8_G(0XFF);
      Disp_595_8x8_B(0XFF);
    }
    break;
  case 3:          //3 显示蓝色
    for(i = 0;i < 8;i++)
    {
      for(j = 0;j < 5;j++)
      {
        Disp_595_8x8_A(0X01<<i);
        Disp_595_8x8_R(0XFF);
        Disp_595_8x8_G(0XFF);
      Disp_595_8x8_B(~c_chFont0806[data][i]); // 开蓝色
      }
    Disp_595_8x8_R(0XFF);
    Disp_595_8x8_G(0XFF);
    Disp_595_8x8_B(0XFF);
    }
    break;
  case 4:          //4 显示黄色，红色和绿色组合
    for(i = 0;i < 8;i++)
    {
      for(j = 0;j < 5;j++)
      {
        Disp_595_8x8_A(0X01<<i);
      Disp_595_8x8_R(~c_chFont0806[data][i]); // 开红色
        Disp_595_8x8_G(~c_chFont0806[data][i]); // 开绿色
          Disp_595_8x8_B(0XFF);
      }
    Disp_595_8x8_R(0XFF);
    Disp_595_8x8_G(0XFF);
```

```
    Disp_595_8x8_B(0XFF);
}
break;
case 5:      //5 显示青色，蓝色和绿色组合
    for(i = 0;i < 8;i++)
    {
        for(j = 0;j < 5;j++)
        {
            Disp_595_8x8_A(0X01<<i);
            Disp_595_8x8_R(0XFF);
            Disp_595_8x8_G(~c_chFont0806[data][i]);
            Disp_595_8x8_B(~c_chFont0806[data][i]);
        }
    Disp_595_8x8_R(0XFF);
    Disp_595_8x8_G(0XFF);
    Disp_595_8x8_B(0XFF);
    }
break;
case 6:          //6 显示紫色
    for(i = 0;i < 8;i++)
    {
        for(j = 0;j < 5;j++)
        {
    Disp_595_8x8_A(0X01<<i);
      Disp_595_8x8_R(~c_chFont0806[data][i]); // 开红色
      Disp_595_8x8_G(0XFF);
        Disp_595_8x8_B(~c_chFont0806[data][i]); // 开蓝色
        }
    Disp_595_8x8_R(0XFF);
    Disp_595_8x8_G(0XFF);
    Disp_595_8x8_B(0XFF);
    }
```

```
        break;
    case 7:                 //7 显示白色
        for(i = 0;i < 8;i++)
        {
            for(j = 0;j < 5;j++)
            {
            Disp_595_8x8_A(0X01<<i);
            Disp_595_8x8_R(~c_chFont0806[data][i]); // 开红色
              Disp_595_8x8_G(~c_chFont0806[data][i]); // 开绿色
              Disp_595_8x8_B(~c_chFont0806[data][i]); // 开蓝色
            }
        Disp_595_8x8_R(0XFF);
        Disp_595_8x8_G(0XFF);
        Disp_595_8x8_B(0XFF);
        }
        break;
    }
}
/*---------------------------- 8x8LED.h-----------------------------*/
#ifndef _8x8LED_H_
#define _8x8LED_H_
#include "stm32l0xx_hal.h"
#define Point_ON        1
#define Point_OFF       0
#define OFF             0
#define Red             1
#define Green           2
#define Blue            3
#define Yellow          4
#define Cyan            5
#define Magenta         6
#define White           7
```

```
#define LED_WIDTH             8
#define LED_HEIGHT            8

void _8x8_GPIO_Init(void);
void Disp_595_8x8_A(uint8_t data);
void Disp_595_8x8_R(uint8_t data);
void Disp_595_8x8_G(uint8_t data);
void Disp_595_8x8_B(uint8_t data);
void Display_8x8_led(uint8_t colour,uint8_t data);
#endif
```

① 主程序代码

```
int main(void)
{
    HAL_Init();          // 库初始化
    SystemClock_Config(); // 时钟配置初始化
    _8x8_GPIO_Init();    // 接口初始化
    while (1)
    {
        for(Number = 0;Number<8;Number++)
        {
            for(Delay_loop = 200;Delay_loop > 0;Delay_loop --) // 延时
            {
                Display_8x8_led(Number,Number+48); // 点阵显示
            }
        }
    }
}
```

3. 实验结果

经过程序的调试、编译，下载到STM32主控板，然后上电，RGB全彩点阵模块上依次循环显示数字1~7，其中0时为熄灭。并且显示时每个数字的颜色并不相同，为了使实训效果更清晰，这里只拍摄了点阵显示的部分。实验效果如图15-6所示。

图 15-6　实验效果图

任务自评

在完成上面的任务之后，用下面的评分标准来检查自己的学习情况。

项目内容	评分点	配分	自评分值
RGB 全彩点阵模块应用	主程序流程图设计正确	10	
	主程序编写正确	20	
	点阵 7 种颜色程序编写正确	20	
	全彩点阵实物接线正确	20	
	调试程序正确	30	
合　计		100	

知识扩展

RGB 色彩模式是通过对红（R）、绿（G）、蓝（B）三个颜色通道的变化以及它们相互之间的叠加来得到各式各样的颜色的，RGB 即是代表红、绿、蓝三个通道的颜色，这个标准几乎包括人类视力所能感知的所有颜色，是目前运用最广的颜色系统之一。

一、RGB 色彩原理

RGB 是按照三原色原理设计的，通俗点说，RGB 色彩模式的颜色混合方式就好像有红、绿、蓝三盏灯，当它们的光相互叠加的时候，色彩相混，而亮度却等于两者亮度之总和，越混合亮度越高，即加法混合。

红、绿、蓝三盏灯的叠加情况，中心三色最亮的叠加区为白色。红、绿、蓝三个颜色通道每种色各分为 256 阶亮度，在 0 时"灯"最弱——是关掉的，而在 255 时"灯"最亮。当三色灰度数值相同时，产生不同灰度值的灰色调，即三色灰度都为 0 时，是最暗的黑色调；三色灰度都为 255 时，是最亮的白色调。

RGB 颜色称为加成色，可以通过将 R、G 和 B 添加在一起产生白色。加成色用于照明光、电视和计算机显示器。例如，显示器通过红色、绿色和蓝色荧光粉发射光线产生颜色。绝大多数可视光谱都可表示为红、绿、蓝三色光在不同比例和强度上的混合。这些颜色若发生重叠，则产生青、洋红和黄色。

二、RGB 色彩应用

目前的显示器大都是采用 RGB 颜色标准，在显示器上，是通过电子枪将电子打在屏幕的红、绿、蓝三色发光极上来产生色彩的，目前的计算机显示器一般都能显示 32 位颜色，有一千万种以上的颜色。

计算机屏幕上显示的所有颜色都由红绿蓝三种色光按照不同的比例混合而成的。一组红色绿色蓝色就是一个最小的显示单位。屏幕上的任何一个颜色都可以由一组 RGB 值来记录和表达。因此，红绿蓝又称为三原色光。在计算机中，RGB 的所谓"多少"就是指亮度，并使用整数来表示。通常情况下，RGB 各有 256 级亮度，256 级的 RGB 色彩总共能组合出约 1 678 万种色彩，即 $256 \times 256 \times 256 = 16\ 777\ 216$。通常也被简称为 1 600 万色或千万色。也称为 24 位色（2 的 24 次方）。

在 LED 领域利用三合一点阵全彩技术，即在一个发光单元里由 RGB 三色晶片组成全彩像素。随着这一技术的不断成熟，LED 显示技术给人们带来了更加丰富真实的色彩感受。

思考练习

利用 RGB 全彩点阵实现一个图片的颜色变化显示。

任务十六
直流电动机控制应用

学习目标

1. 应用 STM32L052 主控板、直流电动机实验板、电动机模块、OLED 显示实验板及 OLED 显示模块组建一个可显示转速的控制系统。
2. 用 C 语言编写程序并调试出任务要求的效果。

任务描述

应用 STM32L052 主控板、直流电动机实验板、电动机模块、OLED 显示实验板及 OLED 显示模块组建可显示转速的直流电动机控制系统。编写程序，控制直流电动机工作，运用霍尔元件触发低电平计旋转圈数，并利用 OLED 显示模块显示已经转动的圈数。STM32L052 主控板如图 2-1 所示，OLED 显示实验板及 OLED 显示模块如图 16-1 所示，直流电动机实验板及电动机模块如图 16-2 所示，电动机控制接口原理图如图 16-3 所示，霍尔接口电路原理图如图 16-4 所示。

图 16-1　OLED 显示实验板及 OLED 显示模块

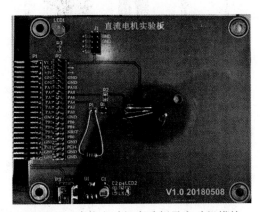

图 16-2　直流电动机实验板及电动机模块

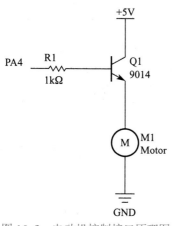

图 16-3　电动机控制接口原理图

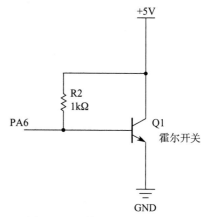

图 16-4　霍尔接口电路原理图

知识准备

一、理解霍尔传感器的原理及其应用。

二、理解直流电动机的控制原理及其应用。

任务实施

一、任务分析

STM32L052 的 PA4 端口驱动三极管，控制直流电动机的转动。

霍尔开关正常状态时不导通，输出至 PA6 端口为高电平；当直流电动机转轴盘面固定的磁铁靠近霍尔开关时，霍尔开关导通，输出至 PA6 端口为低电平，通过计数低电平的个数，就可得知一分钟直流电动机的转动圈数。

二、任务具体实施

1. 直流电动机控制硬件连接

在前面的分析基础上，任务连线方框图如图 16-5 所示，实物接线如图 16-6 所示。

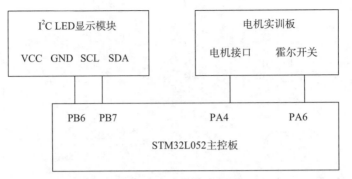

图 16-5　任务连线方框图

图 16-6　直流电动机控制实物接线图

2. 直流电动机控制软件编程

（1）建立工程

使用 STM32CubeMX 建立工程，任务一已经讲过，这里不再赘述。

（2）主程序流程图

主程序流程图如图 16-7 所示。

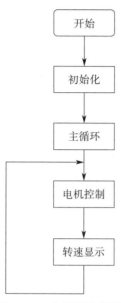

图 16-7 主程序流程图

（3）源程序代码

下面是主要程序代码，有些程序代码这里没有列出，其中重点的程序代码都做了注释，类似的程序代码只做一次注释。

```
/* 主函数代码 */
int main(void)
{
    HAL_Init();
    SystemClock_Config();
    MX_GPIO_Init();
    MX_I2C1_Init();
    MX_TIM2_Init();
    OLED_Init();  //OLED 初始化
    OLED_Clear();  //OLED 清屏
            //OLED 上电显示"直流电动机"
    OLED_ShowCHinese(32,0,0);
    OLED_ShowCHinese(48,0,1);
```

```
    OLED_ShowCHinese(64,0,2);
    OLED_ShowCHinese(80,0,3);
    HAL_GPIO_WritePin(GPIOA,GPIO_PIN_4, GPIO_PIN_SET);    // 电动机控制
    while (1)
    {
        HAL_GPIO_WritePin(GPIOA,GPIO_PIN_4, GPIO_PIN_SET);    // 电动机控制
        OLED_ShowNum(0,4, m_second ,4,16);    // 转动时间显示：秒数
        OLED_ShowCHinese(40,4,4);
        OLED_ShowNum(0,6, a0[2] ,4,16);    // 转速显示：平均值
        OLED_ShowCHinese(40,6,5); // 平均数
        OLED_ShowCHinese(56,6,6);
        OLED_ShowCHinese(73,6,7);
    }
}
/* 端口初始化 */
static void MX_GPIO_Init(void)
{
    GPIO_InitTypeDef GPIO_Struct;
    __HAL_RCC_GPIOB_CLK_ENABLE();
    HAL_GPIO_WritePin(GPIOA,GPIO_PIN_4, GPIO_PIN_SET);
    __HAL_RCC_GPIOH_CLK_ENABLE();
    __HAL_RCC_GPIOA_CLK_ENABLE();
    GPIO_Struct.Pin = GPIO_PIN_4;    // 电动机控制端
    GPIO_Struct.Mode = GPIO_MODE_OUTPUT_PP;
    GPIO_Struct.Speed = GPIO_SPEED_FREQ_VERY_HIGH;
    GPIO_Struct.Alternate = GPIO_PULLUP;
    HAL_GPIO_Init(GPIOA, &GPIO_Struct);
    GPIO_Struct.Pin = GPIO_PIN_6; // 霍尔开关，采集端
    GPIO_Struct.Mode = GPIO_MODE_INPUT;
    GPIO_Struct.Alternate = GPIO_PULLUP;
    HAL_GPIO_Init(GPIOA, &GPIO_Struct);
}
```

```
/************ 定时器回调函数 *********************/
void HAL_TIM_PeriodElapsedCallback(TIM_HandleTypeDef *htim)
{
    if((htim->Instance)==TIM2 )
    {
        table++;      // 计数加
        HAL_GPIO_WritePin(GPIOA,GPIO_PIN_4, GPIO_PIN_SET);
        if(table<=250)      // 1 秒内
        {
            if(HAL_GPIO_ReadPin(GPIOA,GPIO_PIN_6)==0 && kt==0)    // 为低电平时
            {
                kt=1;
                m_second=m_second+1; // 计数加 1
            }
            else if(HAL_GPIO_ReadPin(GPIOA,GPIO_PIN_6)==1&& kt==1 ) // 为高电平时
            {
                kt=0; // 清零
            }
        }
        else  //1 秒
        {
            ss1=(ss1+1)%2; // 记录次数，计算平均速度
            if(ss1==0)     // 第一次
            {a0[0]=m_second;}
            if(ss1==1)     // 第二次
            { a0[1]=a0[0];}
            a0[2]=( ( a0[0]+a0[1] )*60 )/2; // 第三次计算
            table=0; m_second=0; // 计数清零
        }
    }
}
```

3. 实验结果

经过程序的调试、编译，下载到 STM32 主控板，在设备 OLED 上显示直流电动机的平均转数，实验效果如图 16-8 所示。

图 16-8　实验效果图

任务自评

在完成上面的任务之后，用下面的评分标准来检查自己的学习情况。

项目内容	评分点	配分	自评分值
直流电动机控制	流程设计正确	20	
	程序编写正确	30	
	实物接线正确	20	
	调试程序正确	30	
合　计		100	

知识扩展

一、霍尔效应

在置于磁场中的导体或半导体内通入电流，若电流与磁场垂直，则在与磁场和电流都垂直的方向上会出现一个电势差，这种现象称为霍尔效应。利用霍尔效应制成的元件称为霍尔传感器。所产生的电势差称为霍尔电势。霍尔效应与霍尔元件如图 16-9 所示，在长、宽、高分别为 L、W、H 的半导体薄片的相对两侧 a、b 通以控制电流，在薄片垂直方向加以磁场 B。设图中的材料是 N 型半导体，导电的载流子是电子。在图示方向磁场的作用下，电子将受到一个由 c 侧指向 d 侧方向力的作用，这个力就是洛仑兹力。洛仑兹力用 F 表示，大小为：

$$F_L=qvB$$

式中　F_L——洛仑兹力；

　　　q——带电粒子的电荷量；

　　　v——带电粒子的速度；

　　　B——磁感应强度。

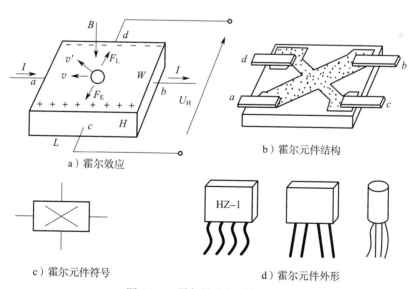

a）霍尔效应

b）霍尔元件结构

c）霍尔元件符号

d）霍尔元件外形

图 16-9　霍尔效应与霍尔元件

二、霍尔传感器

将霍尔元件、放大器、温度补偿电路及稳压电源等集成于一个芯片上构成霍尔集成传感器。有些霍尔传感器的外形与 DIP 封装的集成电路相同，故也称集成霍尔传感器。霍尔传感器分为线性型霍尔传感器和开关型霍尔传感器。

开关型霍尔集成传感器由霍尔元件、放大器、施密特整形电路和开关输出等部分组成，其内部结构框图如图 16-10 所示。当有磁场作用在霍尔开关集成传感器上时，根据霍尔效应，霍尔元件输出霍尔电势，该电压经放大器放大后，送至施密特整形电路。当放大后的霍尔电势大于"开启"阈值时，施密特电路翻转，输出高电平，使晶体管导通，整个电路处于开状态。当磁场减弱时，霍尔元件输出的电压很小，经放大器放大后其值仍小于施密特电路的"关闭"阈值时，施密特整形器又翻转，输出低电平，使晶体管截止，电路处于关状态。这样，一次磁场强度的变化就使传感器完成一次开关动作。

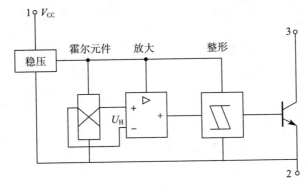

图 16-10　霍尔开关集成传感器内部结构框图

思考练习

使用霍尔传感器，实现对直流电动机转速的测量。

任务十七
环境质量传感器模块应用

学习目标

1. 应用STM32L052主控板、扩展板、PMS7003M数字式通用颗粒物浓度传感器模块、OLED液晶显示模块组建一个环境质量采集显示系统。

2. 用C语言编写程序并调试出任务要求的效果。

任务描述

应用STM32L052主控板、扩展板、PMS7003M数字式通用颗粒物浓度传感器模块、OLED液晶显示模块组成环境质量采集显示系统，编写程序，在OLED液晶显示器屏幕上第一行显示"世界技能大赛"，第二行显示"PM2.5："及具体测量值。STM32L052主控板如图2-1所示，PMS7003M数字式通用颗粒物浓度传感器模块实物如图17-1所示，PMS7003M数字式通用颗粒物浓度传感器连接核心原理图如图17-2所示。

图17-1　PMS7003M数字式通用
颗粒物浓度传感器模块

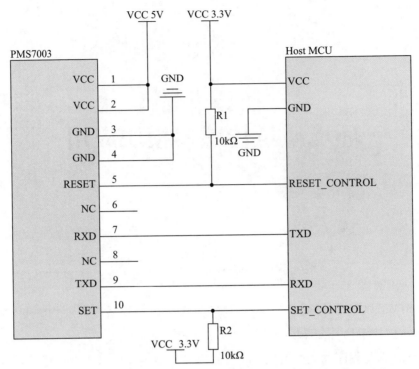

图 17-2　PMS7003M 数字式通用颗粒物浓度传感器连接核心原理图

知识准备

理解 PMS7003M 数字式通用颗粒物浓度传感器工作原理。

任务实施

一、任务分析

在本环境质量传感器模块采集显示系统中，主要是 PMS7003M 数字式通用颗粒物浓度传感器的使用。为了正常数据采集，该传感器有以下使用注意事项：

（1）传感器需要 5 V 供电，这是因为传感器内部风机需要 5 V 电源驱动。但其他数据通信和控制管脚均需要 3.3 V 作为高电平。同时，与传感器连接通信的 STM32L052 主控板也为 3.3 V 供电。

（2）传感器中 SET 和 RESET 内部有上拉电阻，本系统不使用，悬空处置。

（3）传感器 PIN6 和 PIN8 为程序内部调试用，应用电路中使其悬空不用。

（4）传感器风扇启动需要至少 30 s 的稳定时间。为获得准确的数据，应用休眠功能时，休眠唤醒后传感器工作 30 s 后才能采集有效数据。

二、任务实施过程

1. 环境质量传感器模块硬件连接

搭建本环境质量传感器模块采集显示系统时，先将 STM32L052 主控板接入扩展板，扩展板接入 OLED 显示实验板模块，OLED 显示实验板模块上插入 I²C 总线协议的 OLED 液晶显示器；最后，将 PMS7003M 数字式通用颗粒物浓度传感器接入 OLED 显示实验板模块，接入时使用四根杜邦线，将 RX 连接 PA9，TX 连接 PA10，VCC 直接接 5 V 电源。在前面显示原理的分析基础上，任务连线方框图如图 17-3 所示，环境质量传感器实物接线图如图 17-4 所示。

2. 环境质量传感器模块软件编程

（1）建立工程

使用 STM32CubeMX 建立工程，任务一已经讲过，这里不再赘述。

（2）主程序流程图

主程序流程图如图 17-5 所示。

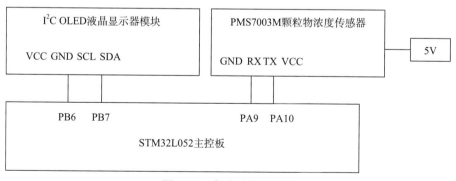

图 17-3　任务连线方框图

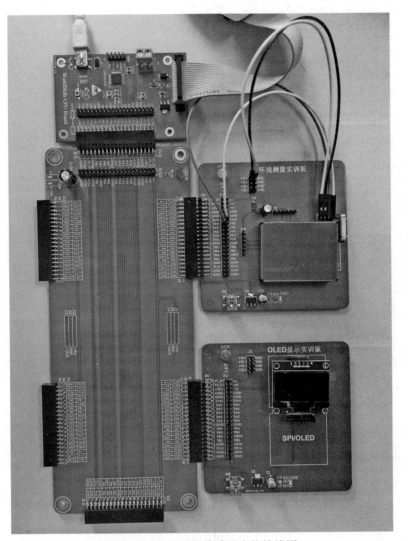

图 17-4　环境质量传感器实物接线图

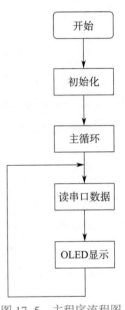

图 17-5　主程序流程图

（3）源程序代码

前面介绍过 OLED 模块，这里因篇幅限制不再重复介绍，详见程序包。下面是主要程序代码。

/* 环境质量传感器模块，即 PM2.5 模块读取环境 PM2.5 值，模块使用串口通信 */

/* 读取模块发出的数据，然后将数值转换用 OLED 显示。*/

```
#include "main.h"

#include "stm32l0xx_hal.h"

#include "stdio.h"

#include "string.h"
```

```
#include "math.h"

#include "delay.h"

#include "OLED.h"

UART_HandleTypeDef huart1;

uint8_t RxData1[100];   // 缓存串口读出的 32 位值

uint16_t PM2_5 ;     // 读出缓存的高位及低位

uint8_t t0=0;      // 变量加载

static void MX_USART1_UART_Init(void);


/* 主函数代码 */

int main(void)

   {

   HAL_Init();

   SystemClock_Config();

   MX_USART1_UART_Init();

   MX_GPIO_Init();

   MX_TIM2_Init();

   OLED_GPIO_Init(); // 端口初始化

   OLED_Init(); //OLED 初始化

   OLED_DrawBMP(0, 0,128, 8, BMP); // 显示图片

   HAL_Delay(2000); // 显示延时

   OLED_Clear();   // 清除

   OLED_ShowCHinese(16*1,0,0);  // 世界技能大赛

   OLED_ShowCHinese(16*2,0,1);

   OLED_ShowCHinese(16*3,0,2);

   OLED_ShowCHinese(16*4,0,3);

   OLED_ShowCHinese(16*5,0,4);

   OLED_ShowCHinese(16*6,0,5);

   OLED_ShowString(0,4,"PM2.5:",16); // 显示 PM2.5:（注：仅显示数值，单位默认为 µg/m³）

   while (1)

   {

     HAL_UART_Receive_IT(&huart1,RxData1,32); // 读串口数据
```

```
    t0++; // 加载量
    // 核对帧头，第一位是 0x42，第二位是 0x4d
    if(RxData1[0] == 0x42 && RxData1[1] == 0x4d)
    {
    PM2_5 = (RxData1[12]<<8) + RxData1[13]; // 数据读出取出高位数据，和低位
    }
    if(t0>=50)  // 控制显示次数
    {
        OLED_ShowNum(48,4,PM2_5,2,16); // 直接送显示
        t0=0;
    }
  }
}
/* 串口中断函数 */
static void MX_USART1_UART_Init(void)
{
   huart1.Instance = USART1;
   huart1.Init.BaudRate = 9600;
   huart1.Init.WordLength = UART_WORDLENGTH_8B;
   huart1.Init.StopBits = UART_STOPBITS_1;
   huart1.Init.Parity = UART_PARITY_NONE;
   huart1.Init.Mode = UART_MODE_TX_RX;
   huart1.Init.HwFlowCtl = UART_HWCONTROL_NONE;
   huart1.Init.OverSampling = UART_OVERSAMPLING_16;
   huart1.Init.OneBitSampling = UART_ONE_BIT_SAMPLE_DISABLE;
   huart1.AdvancedInit.AdvFeatureInit = UART_ADVFEATURE_NO_INIT;
   if (HAL_UART_Init(&huart1) != HAL_OK)
   {
     Error_Handler();
   }
}
/* 定时器开始用于 I²C 通信 */
```

```
static void MX_TIM2_Init(void)
{
    htim2.Instance = TIM2;
    htim2.Init.Prescaler = 31;
    htim2.Init.CounterMode = TIM_COUNTERMODE_UP;
    htim2.Init.Period = 0XFFFF;
    htim2.Init.ClockDivision = TIM_CLOCKDIVISION_DIV1;
    if (HAL_TIM_IC_Init(&htim2) != HAL_OK)
    {
        Error_Handler();
    }
    HAL_TIM_Base_Start_IT(&htim2); // TIM 回调函数
}
```

3. 实验结果

经过程序的调试、编译，下载到 STM32 主控板，在 OLED 液晶显示屏上显示 PMS7003M 数字式通用颗粒物浓度传感器模块采集的颗粒物浓度值。实验效果如图 17-6 所示。

图 17-6 实验效果图

任务自评

在完成上面的任务之后，用下面的评分标准来检查自己的学习情况。

项目内容	评分点	配分	自评分值
环境质量传感器	流程设计正确	20	
	程序编写正确	30	
	实物接线正确	20	
	调试程序正确	30	
合 计		100	

知识扩展

一、PMS7003M 环境质量传感器简介

PMS7003M 是一款基于激光散射原理的数字式通用颗粒物浓度传感器，可连续采集并计算单位体积内空气中不同粒径的悬浮颗粒物个数，即颗粒物浓度分布，进而换算成为质量浓度，并以通用数字接口形式输出。本传感器可嵌入各种与空气中悬浮颗粒物浓度相关的仪器仪表或环境改善设备，为其提供及时准确的浓度数据。

二、PMS7003M 环境质量传感器工作原理

本传感器采用激光散射原理。即令激光照射在空气中的悬浮颗粒物上产生散射，同时在某一特定角度收集散射光，得到散射光强随时间变化的曲线。进而微处理器利用基于米氏（MIE）理论的算法，得出颗粒物的等效粒径及单位体积内不同粒径的颗粒物数量。传感器各功能部分框图如图 17-7 所示。

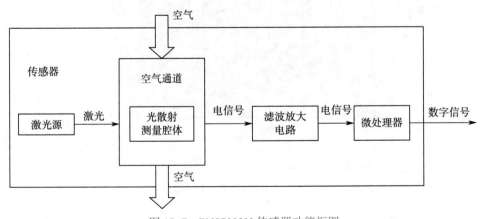

图 17-7　PMS7003M 传感器功能框图

思考练习

使用 SPI 型的 OLED 液晶显示实验板，传感器断电等待几分钟后，再次采集空气 PM2.5 值进行显示，通过编程，实现本实验的相关显示功能。

任务十八
人体红外感应模块应用

学习目标

1. 应用 STM32L052 主控板、扩展板、智能开关实验板和人体红外感应模块 HC-SR501 组建一个感应系统。

2. 用 C 语言编写程序并调试出任务要求的效果。

任务描述

应用 STM32L052 主控板、扩展板、智能开关实验板和人体红外感应模块 HC-SR501 组成感应检测系统，编写程序，通过智能开关实验板上插接的红外感应模块 HC-SR501 检测人体的移动，当有人经过时点亮照明灯 LED 灯 D3。STM32L052 主控板如图 2-1 所示，智能开关实验板如图 18-1 所示，人体红外感应模块 HC-SR501 如图 18-2 所示，人体红外感应模块接口电路原理图如图 18-3 所示。

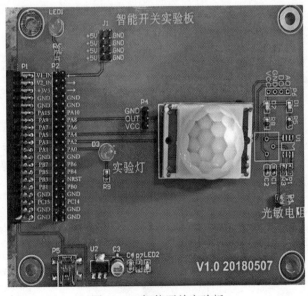

图 18-1　智能开关实验板

图 18-2　人体红外感应模块 HC-SR501

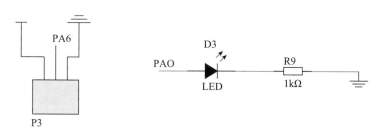

a）HC-SR501接口电路原理图　　　　　b）输入灯接口电路原理图

图 18-3　人体红外感应模块接口电路原理图

知识准备

一、简述人体红外感应原理及其应用。

_____

_____

二、人体红外感应模块 HC-SR501 有哪些特点？

_____

_____

_____

任务实施

一、任务分析

本任务是用人体红外感应模块 HC-SR501 检测是否有人通过，当有人体经过感应模块附近时，红外感应接收到信号，经过 STM32L052 处理，延时点亮 LED 灯。

二、任务实施过程

1. 人体红外感应模块硬件连接

在前面显示原理分析的基础上，任务接线方框图如图18-4所示，人体红外感应模块实物接线图如图18-5所示。

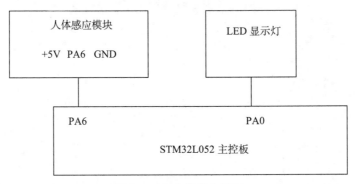

图 18-4　任务接线方框图

图 18-5　人体红外感应模块实物接线图

2. 人体红外感应模块软件编程

（1）建立工程

使用 STM32CubeMX 建立工程，任务一已经讲过，这里不再赘述。

（2）主程序流程图

主程序流程图如图18-6所示。

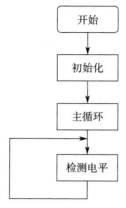

图 18-6 主程序流程图

（3）源程序代码

下面是主要程序代码，有些程序代码这里没有列出，其中重要的地方都做了注释，类似的程序代码只做一次注释。

```
/* 端口初始化 */
static void MX_GPIO_Init(void)
{
    GPIO_InitTypeDef GPIO_InitStruct;
    __HAL_RCC_GPIOA_CLK_ENABLE();
    HAL_GPIO_WritePin(GPIOA, GPIO_PIN_0, GPIO_PIN_RESET);
    GPIO_InitStruct.Pin = GPIO_PIN_0;
    GPIO_InitStruct.Mode = GPIO_MODE_OUTPUT_PP;
    GPIO_InitStruct.Pull = GPIO_PULLDOWN;
    GPIO_InitStruct.Speed = GPIO_SPEED_FREQ_VERY_HIGH;
    HAL_GPIO_Init(GPIOA, &GPIO_InitStruct);
    GPIO_InitStruct.Pin = GPIO_PIN_6;
    GPIO_InitStruct.Mode = GPIO_MODE_INPUT;
    GPIO_InitStruct.Pull = GPIO_PULLDOWN;
    HAL_GPIO_Init(GPIOA, &GPIO_InitStruct);
}
/* 主函数代码 */
    int main(void)
    {
```

```
HAL_Init();
SystemClock_Config();
MX_GPIO_Init();
while (1)
{
if(HAL_GPIO_ReadPin(GPIOA,GPIO_PIN_6))// 检测高电平信号
{
HAL_GPIO_WritePin(GPIOA, GPIO_PIN_0, GPIO_PIN_SET); //LED 灯亮
}
else
{
HAL_GPIO_WritePin(GPIOA, GPIO_PIN_0, GPIO_PIN_RESET); //LED 灯灭
}
}
}
```

3. 实验结果

经过程序的调试、编译，下载到 STM32 主控板，有人经过模块附近时，延时点亮 LED 灯，实验效果如图 18-7 所示。

图 18-7　实验效果图

任务自评

在完成上面的任务之后，用下面的评分标准来检查自己的学习情况。

项目内容	评分点	配分	自评分值
人体红外感应	流程设计正确	20	
	程序编写正确	30	
	实物接线正确	20	
	调试程序正确	30	
合　计		100	

知识扩展

一、人体红外感应模块 HC-SR501 的工作原理

人体都有较恒定的体温，一般为 37 ℃，所以会发出特定波长 10 μm 左右的红外线，被动式红外探头就是靠探测人体发射的 10 μm 左右的红外线而进行工作的。人体发射的 10 μm 左右的红外线通过菲泥尔滤光片增强后聚集到红外感应源上。红外感应源通常包含两个互相串联或并联的热释电元件，这种元件在接收到人体红外辐射温度发生变化而且制成的两个电极化方向正好相反，环境背景辐射对两个热释元件几乎具有相同的作用，使其产生释电效应相互抵消，于是探测器无信号输出。一旦有人侵入探测区域内，人体红外辐射通过部分镜面聚焦，并被热释电元接收，但是两片热释电元接收到的热量不同，热释电也不同，不能抵消，经信号处理而报警。

热释电效应：当一些晶体受热时，在晶体两端将会产生数量相等而符号相反的电荷。这种由于热变化而产生的电极化现象称为热释电效应。

菲涅耳透镜：根据菲涅耳原理制成，菲涅耳透镜分为折射式和反射式两种形式，其作用一是聚焦作用，将热释的红外信号折射（反射）在 PIR（被动红外探测器）上；二是将检测区内分为若干个明区和暗区，使进入检测区的移动物体能以温度变化的形式在 PIR 上产生变化热释红外信号，这样 PIR 就能产生变化电信号。使热释电人体红外传感器灵敏度大大增加。

二、人体红外感应模块 HC-SR501 特性

人体红外感应模块 HC-SR501 结构如图 18-8 所示。

（1）检测触发模式

检测触发模式可分为不可重复触发模式（用 L 表示）和可重复触发模式（用 H 表示）。可用跳线选择，默认为 H 模式。

1）不可重复触发方式：即感应输出高电平后，延时时间一到，输出将自动从高电平变为低电平。

2）重复触发方式：即感应输出高电平后，在延时时间段内，如果有人在其感应范围内活动，其输出将一直保持高电平，直到人离开后才延时将高电平变为低电平（感应模块检测到人体的每一次活动后会自动顺延一个延时时间段，并且以最后一次活动结束的时间为延时时间的起始点）。

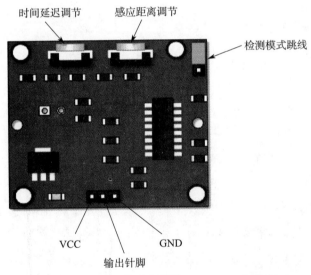

图 18-8　人体红外感应模块 HC-SR501 结构图

（2）可调节检测距离及可调封锁时间

可调节检测距离：调节距离电位器顺时针旋转，感应距离增大（最大约 7 m），反之，感应距离减小（最小约 3 m）。

可调封锁时间：感应模块在每一次感应输出后（高电平变为低电平），可以紧跟着设置一个封锁时间，在此时间段内感应器不接收任何感应信号。此功能可以实现两者（感应输出时间和封锁时间）的间隔工作，可应用于间隔探测产品；同时此功能可有效抑制负载切换过程中产生的各种干扰。调节延时电位器顺时针旋转，感应延时加长（最长约 300 s），反

之，感应延时缩短（最短约 0.5 s）。

光敏控制：模块预留有位置，可设置光敏控制，白天或光线强时不感应。光敏控制为可选功能，出厂时未安装光敏电阻。

（3）安装位置和方式有特定要求

热释电红外传感器只能安装在室内，其误报率与安装的位置和方式有极大的关系，正确的安装应满足下列条件：

1）热释电红外传感器应离地面 2.0～2.2 m。

2）热释电红外传感器远离空调、冰箱、火炉等空气温度受设备影响大的地方。

3）红外线热释电传感器探测范围内不得隔家具、大型盆景或其他隔离物。

4）红外线热释电传感器不要直对窗口，否则窗外的热气流扰动和人员走动会引起误报，有条件的最好拉上窗帘。红外线热释电传感器也不要安装在有强气流活动的地方。

红外线热释电传感器对人体的敏感程度还和人的运动方向关系很大。热释电红外传感器对于径向移动反应最不敏感，而对于横切方向（即与半径垂直的方向）移动则最为敏感。在现场选择合适的安装位置是避免红外探头误报、求得最佳检测灵敏度极为重要的一环。

思考练习

如何实现使用人体红外感应模块实现自动感应门的开闭？

任务十九
温度与湿度感应模块应用

学习目标

1. 应用 STM32L052 主控板、扩展板、温度与湿度实验板、OLED 液晶显示器模块组建一个温湿度传感器采集显示系统。
2. 用 C 语言编写程序并调试出任务要求效果。

任务描述

应用 STM32L052 主 控 板、扩展板、温度与湿度实验板（带有 DHT11 数字温湿度传感器模块）、OLED 液晶显示器模块组成温湿度传感器采集显示系统。编写程序，在 OLED 液晶显示器上第一行显示"温湿度实验板"，第二行显示"温度:"及具体值，第三行显示"湿度:"及具体值。STM32L052 主 控 板 如 图 2-1 所示，温度与湿度实验板（带有 DHT11 数字温湿度传感器模块）如图 19-1 所示；DHT11 数字温湿度传感器模块核心原理图如图 19-2 所示。

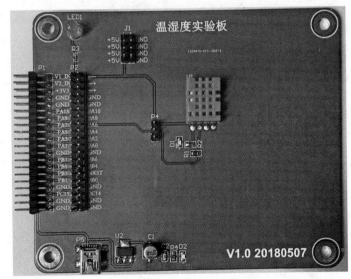

图 19-1　温度与湿度实验板

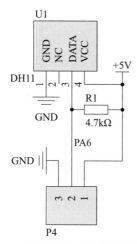

图 19-2　DHT11 数字温湿度传感器模块核心原理图

知识准备

理解 DHT11 数字温湿度传感器工作原理及应用。

任务实施

一、任务分析

在本任务中 OLED 液晶显示模块中，利用 I^2C 原理进行操作，前面已经介绍过，不再赘述。DHT11 是数字温湿度传感器模块，在采集数据传输时，其温度和湿度值通过串行数据直接输出，故可通过读取端口的状态值采集，然后传输到 OLED 液晶显示模块显示。

二、任务实施过程

1. 温度与湿度感应模块硬件连接

在前面显示原理的分析基础上，本温度与湿度感应模块应用接线方框图如图 19-3 所示，实物接线如图 19-4 所示。

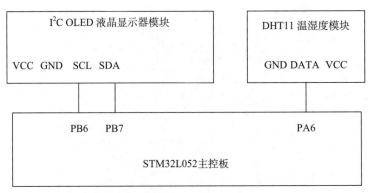

图 19-3　任务接线方框图

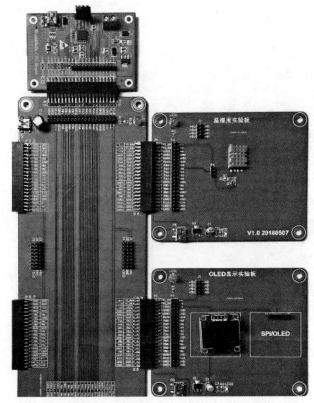

图 19-4　温度与湿度感应模块实物接线图

2. 温度与湿度感应模块软件编程

（1）建立工程

使用 STM32CubeMX 建立工程，任务一已经讲过，这里不再赘述。

（2）主程序流程图

主程序流程图如图 19-5 所示。

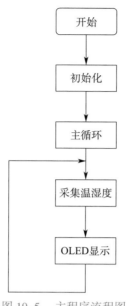

图 19-5 主程序流程图

（3）源程序代码

下面是主要程序代码，有些程序代码这里没有列出，其中重要的地方都做了注释，类似的程序代码只做了一次注释，温湿度模块采集程序如下。

```
/*DH11 温湿度模块采集，直接读取温湿度 40 位数据 */
static GPIO_InitTypeDef  GPIO_InitStruct;
#define Data_0_time  4
#define DHT11_SDA  GPIO_PIN_6
#define DHT11_COM  GPIOA
#define DHT11_SDA_H()  HAL_GPIO_WritePin(DHT11_COM,DHT11_SDA,GPIO_PIN_SET)
#define DHT11_SDA_L()  HAL_GPIO_WritePin(DHT11_COM,DHT11_SDA,GPIO_PIN_RESET)
#define DHT11_SDA_READ()  HAL_GPIO_ReadPin(DHT11_COM,DHT11_SDA) // 宏定义读数据


  U8  U8FLAG,k;
  U8  U8count,U8temp;
  U8  U8T_data_H,U8T_data_L,U8RH_data_H,U8RH_data_L,U8checkdata;
  U8  U8T_data_H_temp,U8T_data_L_temp,U8RH_data_H_temp,U8RH_data_L_temp,U8checkdata_temp;
  U8  U8comdata; // 定义变量
void DHT11_INIT(void)    //*' 配置温湿度传感器端口 PA6*/
```

```
{
    __HAL_RCC_GPIOB_CLK_ENABLE();
    GPIO_InitStruct.Pin = DHT11_SDA;
    GPIO_InitStruct.Mode = GPIO_MODE_OUTPUT_OD;
    GPIO_InitStruct.Pull = GPIO_NOPULL;
    GPIO_InitStruct.Speed = GPIO_SPEED_FREQ_VERY_HIGH;
    HAL_GPIO_Init(DHT11_COM, &GPIO_InitStruct);
}
/* 启动读取 */
void  COM(void)
{
    U8 i;
    for(i=0;i<8;i++)
    {
        U8FLAG=2; // 初始化数
        while((!DHT11_SDA_READ())&&U8FLAG++); // 读端口采集，低电平表示起始信号
        delay_us(30);
        U8temp=0;
        if(DHT11_SDA_READ()) U8temp=1; // 有数据
        U8FLAG=2;
        while((DHT11_SDA_READ())&&U8FLAG++); // 等待下一个数据
        if(U8FLAG==1)   break;
        U8comdata<<=1;
        U8comdata|=U8temp;
    }
}
/* 高位数据读取 */
void RH(void)
{
    DHT11_SDA_L(); // 拉低
    delay_ms(18);
    DHT11_SDA_H(); // 拉高
```

```
delay_us(40);
if(!DHT11_SDA_READ()) // 低电平进入
{
    U8FLAG=2;
    while((!DHT11_SDA_READ())&&U8FLAG++); // 数据等待
    U8FLAG=2;
    while((DHT11_SDA_READ())&&U8FLAG++);    // 启动
    COM();
    U8RH_data_H_temp=U8comdata; // 读取湿度高位
    COM();
    U8RH_data_L_temp=U8comdata; // 读取湿度低位
    COM();
    U8T_data_H_temp=U8comdata;      // 读取温度高位
    COM();
    U8T_data_L_temp=U8comdata;      // 读取温度低位
    COM();
    U8checkdata_temp=U8comdata;   // 校验位
    DHT11_SDA_H();
    U8temp=(U8T_data_H_temp+U8T_data_L_temp+U8RH_data_H_temp+U8RH_data_L_temp);
    if(U8temp==U8checkdata_temp) // 数据校验对比
    {
        U8RH_data_H=U8RH_data_H_temp; // 把读取值赋出
        U8RH_data_L=U8RH_data_L_temp;
        U8T_data_H=U8T_data_H_temp;
        U8T_data_L=U8T_data_L_temp;
        U8checkdata=U8checkdata_temp;
    }
}
}
/*DH11 温湿度模块采集，I²C 通信控制 OLED 的显示 */
/* 注意事项：32 位数据与 8 位的校验码对比，进位数据丢失 */
#include "main.h"
```

```c
#include "stm32l0xx_hal.h"
#include "OLED.h"
#include "dht11.h"
void SystemClock_Config(void);
static void MX_GPIO_Init(void);
static void MX_TIM2_Init(void);
extern U8  U8T_data_H,U8T_data_L,U8RH_data_H,U8RH_data_L,U8checkdata;
/* 主函数代码 */
int main(void)
{
    uint8_t Disp_buff[10];
    HAL_Init();
    SystemClock_Config();  /* Configure the system clock */
    MX_GPIO_Init();/* Initialize all configured peripherals */
    MX_TIM2_Init();
    DHT11_INIT();
    OLED_GPIO_Init();
    OLED_Init();
    OLED_Clear();
    OLED_ShowCHinese(24-10,0,0);  // 上电显示温湿度汉字显示
    OLED_ShowCHinese(40-10,0,1);
    OLED_ShowCHinese(56-10,0,2);
    OLED_ShowCHinese(72-10,0,3);
    OLED_ShowCHinese(88-10,0,4);
    OLED_ShowCHinese(104-10,0,5);
    while(1)
    {
        RH();  // 采集温湿度
        sprintf((char *)Disp_buff,":%2d.%1dC ",U8T_data_H,U8T_data_L);  // 温度
        OLED_ShowString(16*2,4,Disp_buff,16);
        OLED_ShowCHinese(0,4,0);  // 显示温度
        OLED_ShowCHinese(16*1,4,2);
```

```
sprintf((char *)Disp_buff,":%2d",U8RH_data_H);    // 湿度
OLED_ShowString(16*2,6,Disp_buff,16);
OLED_ShowCHinese(0,6,1); // 显示湿度
OLED_ShowCHinese(16*1,6,2);
    }
}
```

3. 实验结果

经过程序的调试、编译，下载到 STM32 主控板，在 OLED 液晶显示屏上显示温湿度感应模块采集的温度值、湿度值。实验效果如图 19-6 所示。

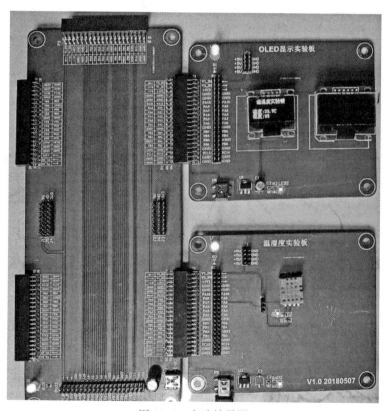

图 19-6　实验效果图

任务自评

在完成上面的任务之后，用下面的评分标准来检查自己的学习情况。

项目内容	评分点	配分	自评分值
温度与湿度感应模块	流程设计正确	20	
	程序编写正确	30	
	实物接线正确	20	
	调试程序正确	30	
合　计		100	

知识扩展

一、DHT11 数字温湿度传感器简介

　　DHT11 数字温湿度传感器是一款含有已校准数字信号输出的温湿度复合传感器。其湿度精度为 ±5% RH，温度精度为 ±2 ℃，湿度量程为 20% ~ 90% RH，温度量程为 0 ~ 50 ℃。它应用专用的数字模块采集技术和温湿度传感技术，确保产品具有极高的可靠性和长期稳定性。传感器包括一个电阻式感湿元件和一个 NTC 测温元件，并与一个高性能 8 位单片机相连接。因此该产品具有品质卓越、超快响应、抗干扰能力强、性价比极高等优点。每个 DHT11 传感器都在极为精确的湿度校验室中进行校准。校准系数以程序的形式存在内存中，传感器内部在检测信号的处理过程中要调用这些校准系数。单线制串行接口，使系统集成变得简易快捷。超小的体积、极低的功耗，使其成为同类产品中，在苛刻应用场合的最佳选择。产品为 4 针单排引脚封装，连接方便。

二、相对湿度

　　相对湿度是绝对湿度与最高湿度之比，用百分号表示，它的值显示水蒸气的饱和度。相对湿度为 100% 的空气是饱和的空气。相对湿度是 50% 的空气含有达到同温度的空气的饱和点的一半的水蒸气。相对湿度超过 100% 的空气中的水蒸气一般会凝结出水来。随着温度的增高空气中可以含的水蒸气就越多，也就是说，在同样多的水蒸气的情况下温度升高相对湿度就会降低。因此在提供相对湿度的同时也必须提供温度的数据。通过相对湿度和温度也可以计算出露点。

思考练习

　　使用 SPI 型的 OLED 液晶显示实验板，通过编程，实现本实验的相关显示功能。

任务二十
陀螺仪重力感应磁力计模块应用

学习目标

1. 应用 STM32L052 主控板、扩展板、OLED 液晶显示实验板、OLED 液晶显示器模块、陀螺仪重力感应磁力计实验板、MPU6050 六轴传感器模块组建一个六轴传感器输入显示系统。

2. 用 C 语言编写程序并调试出任务要求的效果。

任务描述

应用 STM32L052 主控板、扩展板、OLED 液晶显示实验板、OLED 液晶显示器模块、陀螺仪重力感应磁力计实验板、MPU6050 六轴传感器模块组建一个六轴传感器输入显示系统，

编写程序，在 OLED 液晶显示器第一行显示："x:"以及 X 轴的原始值，"y:"以及 Y 轴的原始值，"z:"以及 Z 轴的原始值；第二行显示："T:"以及 MPU6050 模块采集的温度值。STM32L052 主控板如图 2–1 所示，陀螺仪重力感应磁力计实验板如图 20–1 所示，MPU6050 六轴传感器模块如图 20–2 所示。

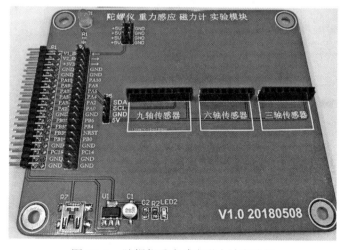

图 20–1 陀螺仪重力感应磁力计实验板

图 20-2　MPU6050 六轴传感器模块

知识准备

理解 MPU6050 六轴传感器模块的原理及其应用。

任务实施

一、任务分析

本任务应用 MPU6050 六轴传感器模块，利用 I^{2}C 通信采集 X 轴、Y 轴、Z 轴的值以及温度值，并在 OLED 液晶显示器上显示出来，第一行显示："x:"以及 X 轴的原始值，"y:"以及 Y 轴的原始值，"z:"以及 Z 轴的原始值，第二行显示："T:"以及 MPU6050 模块采集的温度值。OLED 液晶显示前面已经介绍过，读者可以自行学习，MPU6050 六轴传感器模块应用只要读懂芯片手册及驱动程序就可以编写程序读取相关的值，本任务为了简化起见，没有显示相关加速度的值。

二、任务实施过程

1. 陀螺仪重力感应磁力计硬件连接及分析

在前面显示原理的分析基础上，陀螺仪重力感应磁力计接线方框图如图 20-3 所示，实物接线如图 20-4 所示。

将 STM32L052 主控板接入扩展板，扩展板再连接 OLED 显示板，OLED 显示板上插接 I^{2}C OLED 液晶显示模块，MPU6050 六轴模块插接在陀螺仪重力感应磁力计试验板相应位置上，使用4根杜邦线连接陀螺仪实验板与OLED显示板。具体操作方法为：陀螺仪实验板P5的"SCL"连接OLED显示板P2的"PB6"，陀螺仪实验板P5的"SDA"连接OLED显示板P2的"PB7"，陀螺仪实验板J1的"+5 V"连接OLED显示板J1的"+5 V"，陀螺仪实验板J1的"GND"连接OLED显示板J1的"GND"。

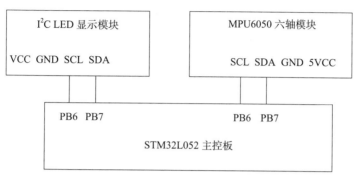

图20-3　陀螺仪重力感应磁力计接线方框图

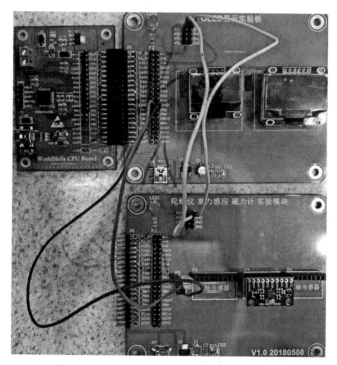

图20-4　陀螺仪重力感应磁力计实物接线图

2. 陀螺仪重力感应磁力计软件编程

（1）建立工程

使用STM32CubeMX建立工程，任务一已经讲过，这里不再赘述。

（2）主程序流程图

主程序流程图如图 20-5 所示。

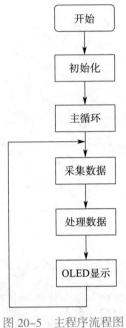

图 20-5 主程序流程图

下面是主要程序代码，有些程序代码这里没有列出，其中重要的地方都做了注释，类似的程序代码只做了一次注释。

（3）源程序代码

MPU6050 程序

```c
#ifndef __MPU6050_H
#define __MPU6050_H
#include "stm32l0xx_hal.h"
/*MPU6050 AD0 控制脚 */
#define MPU_SELF_TESTX_REG      0X0D    // 自检寄存器 X
#define MPU_SELF_TESTY_REG      0X0E    // 自检寄存器 Y
#define MPU_SELF_TESTZ_REG      0X0F    // 自检寄存器 Z
#define MPU_SELF_TESTA_REG      0X10    // 自检寄存器 A
#define MPU_SAMPLE_RATE_REG     0X19    // 采样频率分频器
#define MPU_CFG_REG             0X1A    // 配置寄存器
#define MPU_GYRO_CFG_REG        0X1B    // 陀螺仪配置寄存器
```

```
#define MPU_ACCEL_CFG_REG        0X1C    // 加速度计配置寄存器
#define MPU_MOTION_DET_REG       0X1F    // 运动检测阈值设置寄存器
#define MPU_FIFO_EN_REG          0X23    //FIFO 使能寄存器
#define MPU_I2CMST_CTRL_REG      0X24    //I²C 主机控制寄存器
#define MPU_I2CSLV0_ADDR_REG     0X25    //I²C 从机 0 器件地址寄存器
#define MPU_I2CSLV0_REG          0X26    //I²C 从机 0 数据地址寄存器
#define MPU_I2CSLV0_CTRL_REG     0X27    //I²C 从机 0 控制寄存器
#define MPU_I2CSLV1_ADDR_REG     0X28    //I²C 从机 1 器件地址寄存器
#define MPU_I2CSLV1_REG          0X29    //I²C 从机 1 数据地址寄存器
#define MPU_I2CSLV1_CTRL_REG     0X2A    //I²C 从机 1 控制寄存器
#define MPU_I2CSLV2_ADDR_REG     0X2B    //I²C 从机 2 器件地址寄存器
#define MPU_I2CSLV2_REG          0X2C    //I²C 从机 2 数据地址寄存器
#define MPU_I2CSLV2_CTRL_REG     0X2D    //I²C 从机 2 控制寄存器
#define MPU_I2CSLV3_ADDR_REG     0X2E    //I²C 从机 3 器件地址寄存器
#define MPU_I2CSLV3_REG          0X2F    //I²C 从机 3 数据地址寄存器
#define MPU_I2CSLV3_CTRL_REG     0X30    //I²C 从机 3 控制寄存器
#define MPU_I2CSLV4_ADDR_REG     0X31    //I²C 从机 4 器件地址寄存器
#define MPU_I2CSLV4_REG          0X32    //I²C 从机 4 数据地址寄存器
#define MPU_I2CSLV4_DO_REG       0X33    //I²C 从机 4 写数据寄存器
#define MPU_I2CSLV4_CTRL_REG     0X34    //I²C 从机 4 控制寄存器
#define MPU_I2CSLV4_DI_REG       0X35    //I²C 从机 4 读数据寄存器
#define MPU_I2CMST_STA_REG       0X36    //I²C 主机状态寄存器
#define MPU_INTBP_CFG_REG        0X37    // 中断 / 旁路设置寄存器
#define MPU_INT_EN_REG           0X38    // 中断使能寄存器
#define MPU_INT_STA_REG          0X3A    // 中断状态寄存器

#define MPU_ACCEL_XOUTH_REG      0X3B    // 加速度值，X 轴高 8 位寄存器
#define MPU_ACCEL_XOUTL_REG      0X3C    // 加速度值，X 轴低 8 位寄存器
#define MPU_ACCEL_YOUTH_REG      0X3D    // 加速度值，Y 轴高 8 位寄存器
#define MPU_ACCEL_YOUTL_REG      0X3E    // 加速度值，Y 轴低 8 位寄存器
#define MPU_ACCEL_ZOUTH_REG      0X3F    // 加速度值，Z 轴高 8 位寄存器
#define MPU_ACCEL_ZOUTL_REG      0X40    // 加速度值，Z 轴低 8 位寄存器
```

```
#define MPU_TEMP_OUTH_REG        0X41    // 温度值高 8 位寄存器
#define MPU_TEMP_OUTL_REG        0X42    // 温度值低 8 位寄存器
#define MPU_GYRO_XOUTH_REG       0X43    // 陀螺仪值，X 轴高 8 位寄存器
#define MPU_GYRO_XOUTL_REG       0X44    // 陀螺仪值，X 轴低 8 位寄存器
#define MPU_GYRO_YOUTH_REG       0X45    // 陀螺仪值，Y 轴高 8 位寄存器
#define MPU_GYRO_YOUTL_REG       0X46    // 陀螺仪值，Y 轴低 8 位寄存器
#define MPU_GYRO_ZOUTH_REG       0X47    // 陀螺仪值，Z 轴高 8 位寄存器
#define MPU_GYRO_ZOUTL_REG       0X48    // 陀螺仪值，Z 轴低 8 位寄存器
#define MPU_I2CSLV0_DO_REG       0X63    //I²C 从机 0 数据寄存器
#define MPU_I2CSLV1_DO_REG       0X64    //I²C 从机 1 数据寄存器
#define MPU_I2CSLV2_DO_REG       0X65    //I²C 从机 2 数据寄存器
#define MPU_I2CSLV3_DO_REG       0X66    //I²C 从机 3 数据寄存器
#define MPU_I2CMST_DELAY_REG     0X67    //I²C 主机延时管理寄存器
#define MPU_SIGPATH_RST_REG      0X68    // 信号通道复位寄存器
#define MPU_MDETECT_CTRL_REG     0X69    // 运动检测控制寄存器
#define MPU_USER_CTRL_REG        0X6A    // 用户控制寄存器
#define MPU_PWR_MGMT1_REG        0X6B    // 电源管理寄存器 1
#define MPU_PWR_MGMT2_REG        0X6C    // 电源管理寄存器 2
#define MPU_FIFO_CNTH_REG        0X72    //FIFO 计数寄存器高 8 位
#define MPU_FIFO_CNTL_REG        0X73    //FIFO 计数寄存器低 8 位
#define MPU_FIFO_RW_REG          0X74    //FIFO 读写寄存器
#define MPU_DEVICE_ID_REG        0X75    // 器件 ID 寄存器
#define MPU_ADDR                 0X68    // 如果 AD0 脚 (9 脚 ) 接地，I²C 地址为 0X68


uint8_t MPU6050_Init(void); // 初始化 MPU6050
uint8_t MPU_Write_Len(uint8_t addr,uint8_t reg,uint8_t len,uint8_t *buf); //I²C 连续写
uint8_t MPU_Read_Len(uint8_t addr,uint8_t reg,uint8_t len,uint8_t *buf); //I²C 连续读
uint8_t MPU_Write_Byte(uint8_t reg,uint8_t data); //I²C 写一个字节
uint8_t MPU_Read_Byte(uint8_t reg); //I²C 读一个字节
uint8_t MPU_Set_Gyro_Fsr(uint8_t fsr);
uint8_t MPU_Set_Accel_Fsr(uint8_t fsr);
uint8_t MPU_Set_LPF(uint16_t lpf);
```

```
uint8_t MPU_Set_Rate(uint16_t rate);

uint8_t MPU_Set_Fifo(uint8_t sens);

short MPU_Get_Temperature(void);

uint8_t MPU_Get_Gyroscope(short *gx,short *gy,short *gz);

uint8_t MPU_Get_Accelerometer(short *ax,short *ay,short *az);

#endif

/* mpu6050 相关程序 */

#include "mpu6050.h"

extern I2C_HandleTypeDef hi2c1; // 初始化 MPU6050// 返回值 :0, 成功

/* MPU6050 初始化 */

uint8_t MPU6050_Init(void)

{

    uint8_t res;

    MPU_Write_Byte(MPU_PWR_MGMT1_REG,0X80);    // 复位 MPU6050

    HAL_Delay(100);

    MPU_Write_Byte(MPU_PWR_MGMT1_REG,0X00);    // 唤醒 MPU6050

    MPU_Set_Gyro_Fsr(3);             // 陀螺仪传感器 , ± 2000dps

    MPU_Set_Accel_Fsr(0);            // 加速度传感器 , ± 2g

    MPU_Set_Rate(50);            // 设置采样频率 50Hz

    MPU_Write_Byte(MPU_INT_EN_REG,0X00);        // 关闭所有中断

    MPU_Write_Byte(MPU_USER_CTRL_REG,0X00); //I2C 主模式关闭

    MPU_Write_Byte(MPU_FIFO_EN_REG,0X00);       // 关闭 FIFO

    MPU_Write_Byte(MPU_INTBP_CFG_REG,0X80); //INT 引脚低电平有效

    res=MPU_Read_Byte(MPU_DEVICE_ID_REG);

    if(res==MPU_ADDR)                       // 器件 ID 正确

    {

        MPU_Write_Byte(MPU_PWR_MGMT1_REG,0X01); // 设置 CLKSEL，PLLX 轴为参考

        MPU_Write_Byte(MPU_PWR_MGMT2_REG,0X00); // 加速度与陀螺仪都工作

        MPU_Set_Rate(50);             // 设置采样频率为 50Hz

        }else return 1;

    return 0;

}
```

```
/* 设置 MPU6050 陀螺仪传感器满量程范围 */
//fsr:0,±250dps;1,±500dps;2,±1000dps;3,±2000dps// 返回值 :0, 设置成功 ; 其他 , 设置失败。
uint8_t MPU_Set_Gyro_Fsr(uint8_t fsr)
{
    return MPU_Write_Byte(MPU_GYRO_CFG_REG,fsr<<3); // 设置陀螺仪满量程范围
}
/* 设置 MPU6050 加速度传感器满量程范围 */
//fsr:0,±2g;1,±4g;2,±8g;3,±16g// 返回值 :0, 设置成功 ; 其他 , 设置失败。
uint8_t MPU_Set_Accel_Fsr(uint8_t fsr)
{
    return MPU_Write_Byte(MPU_ACCEL_CFG_REG,fsr<<3); // 设置加速度满量程范围
}
/* 设置 MPU6050 的数字低通滤波器 */
//lpf: 数字低通滤波频率 (Hz)
uint8_t MPU_Set_LPF(uint16_t lpf)
{
    uint8_t data=0;
    if(lpf>=188)data=1;
    else if(lpf>=98)data=2;
    else if(lpf>=42)data=3;
    else if(lpf>=20)data=4;
    else if(lpf>=10)data=5;
    else data=6;
    return MPU_Write_Byte(MPU_CFG_REG,data); // 设置数字低通滤波器
}
/* 设置 MPU6050 的采样率 ( 假定 Fs=1kHz)*/
//rate:4~1000(Hz)
uint8_t MPU_Set_Rate(uint16_t rate)
{
    uint8_t data;
    if(rate>1000)rate=1000;
    if(rate<4)rate=4;
```

```
        data=1000/rate−1;
        data=MPU_Write_Byte(MPU_SAMPLE_RATE_REG,data);    // 设置数字低通滤波器
        return MPU_Set_LPF(rate/2);     // 自动设置 LPF 为采样率的一半
}
/* 得到温度值 */
// 返回值 : 温度值 ( 扩大了 100 倍 )
short MPU_Get_Temperature(void)
{
        uint8_t buf[2];
        short raw;
        float temp;
        MPU_Read_Len(MPU_ADDR,MPU_TEMP_OUTH_REG,2,buf);
        raw=((uint16_t)buf[0]<<8)|buf[1];
        temp=36.53+((double)raw)/340;
        return temp*100;
}
/* 得到陀螺仪值 ( 原始值 )*/
//gx,gy,gz: 陀螺仪 x,y,z 轴的原始读数 ( 带符号 )
uint8_t MPU_Get_Gyroscope(short *gx,short *gy,short *gz)
{
        uint8_t buf[6],res;
        res=MPU_Read_Len(MPU_ADDR,MPU_GYRO_XOUTH_REG,6,buf);
        if(res==0)
        {
            *gx=((uint16_t)buf[0]<<8)|buf[1];
            *gy=((uint16_t)buf[2]<<8)|buf[3];
            *gz=((uint16_t)buf[4]<<8)|buf[5];
        }
        return res;
}
/* 得到加速度值 ( 原始值 )*/
/*gx,gy,gz: 陀螺仪 x,y,z 轴的原始读数 ( 带符号 )*/
```

```
uint8_t MPU_Get_Accelerometer(short *ax,short *ay,short *az)
{
    uint8_t buf[6],res;
    res=MPU_Read_Len(MPU_ADDR,MPU_ACCEL_XOUTH_REG,6,buf);
    if(res==0)
    {
        *ax=((uint16_t)buf[0]<<8)|buf[1];
        *ay=((uint16_t)buf[2]<<8)|buf[3];
        *az=((uint16_t)buf[4]<<8)|buf[5];
    }
    return res;;
}
/*I²C 连续写 */
//addr: 器件地址 //reg: 寄存器地址 //len: 写入长度 //buf: 数据区
// 返回值 :0, 正常 ; 其他 , 错误代码。
uint8_t MPU_Write_Len(uint8_t addr,uint8_t reg,uint8_t len,uint8_t *buf)
{
    HAL_I2C_Mem_Write(&hi2c1,addr<<1,reg,I2C_MEMADD_SIZE_8BIT,buf,len,100);
    return 0;
}
/*I²C 连续读 */
//addr: 器件地址 //reg: 寄存器地址 //len: 写入长度 //buf: 数据区
// 返回值 :0, 正常 ; 其他 , 错误代码。
uint8_t MPU_Read_Len(uint8_t addr,uint8_t reg,uint8_t len,uint8_t *buf)
{
    HAL_I2C_Mem_Read(&hi2c1,addr<<1|1,reg,I2C_MEMADD_SIZE_8BIT,buf,len,100);
    return 0;
}
//I²C 写一个字节 //reg: 寄存器地址 //data: 数据 // 返回值 :0, 正常
uint8_t MPU_Write_Byte(uint8_t reg,uint8_t data)
{
    HAL_I2C_Mem_Write(&hi2c1,MPU_ADDR<<1,reg,I2C_MEMADD_SIZE_8BIT,&data,1,100);
```

```
        return 0;
}
```

//I²C 读一个字节 //reg: 寄存器地址 // 返回值 : 读到的数据

```
uint8_t MPU_Read_Byte(uint8_t reg)
{
    uint8_t res;
    HAL_I2C_Mem_Read(&hi2c1,MPU_ADDR<<1|1,reg,I2C_MEMADD_SIZE_8BIT,&res,1,100);
    return res;
}
```

主程序代码

```
#include "main.h"
#include "stm32l0xx_hal.h"
#include "oled.h"
#include "mpu6050.h"
I2C_HandleTypeDef hi2c1;
void SystemClock_Config(void);
void Error_Handler(void);
static void MX_GPIO_Init(void);
static void MX_I2C1_Init(void);
/* 主函数代码 */
int main(void)
{
    short  x ,y,z; // 变量显示
    int8_t temp_xs[10];
    uint32_t temp;
    HAL_Init();
    SystemClock_Config();
    MX_GPIO_Init();
    MX_I2C1_Init();
    OLED_Init();      // 显示初始化
    MPU6050_Init();     // 六轴初始化
    while (1)
```

```
    {
        temp = MPU_Get_Temperature();      // 采集六轴的温度
        sprintf(temp_xs,"T:%d",temp);      // 数据处理
        OLED_ShowString(50,6,temp_xs,16);     // 显示温度
        temp = MPU_Get_Gyroscope(&x,&y,&z);    // 采集六轴的 x、y、z
        sprintf(temp_xs,"x:%d y:%d z:%d ", x,y,z); // 数据处理
        OLED_ShowString(0,2,temp_xs,16);     // 显示 x、y、z
    }
}
```

3. 实验结果

经过程序的调试、编译，下载到 STM32 主控板，在设备上实现变化陀螺仪实验板的位置，OLED 显示器上实时显示变化的位移值（原始值）；外界温度不变化时，OLED 液晶显示器显示实时温度值（扩大了 100 倍，如图显示 3 076，实际温度为 30.76 ℃），实验效果如图 20-6 所示。

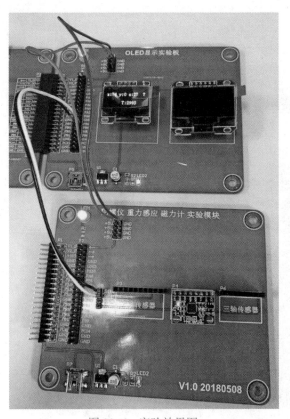

图 20-6　实验效果图

任务自评

在完成上面的任务之后，用下面的评分标准来检查自己的学习情况。

项目内容	评分点	配分	自评分值
控制陀螺仪重力感应磁力计应用	流程设计正确	20	
	程序编写正确	30	
	实物接线正确	20	
	调试程序正确	30	
合　计		100	

知识扩展

MPU6050 传感器简介

MPU6050 是 InvenSense 公司推出的全球首款整合性 6 轴运动处理组件，内带 3 轴陀螺仪和 3 轴加速度传感器，并且含有一个第二 I^2C 接口，可用于连接外部磁力传感器，利用自带数字运动处理器（DMP：Digital Motion Processor）硬件加速引擎，通过主 I^2C 接口，可以向应用端输出完整的 9 轴姿态融合演算数据。有了 DMP，可以使用 InvenSense 公司提供的运动处理资料库，非常方便地实现姿态解算，降低了运动处理运算对操作系统的负荷，同时大大降低了开发难度。

1. MPU6050 传感器的特点

（1）自带数字运动处理（DMP：Digital Motion Processing），可以输出 6 轴或 9 轴（需外接磁传感器）姿态解算数据。

（2）集成可程序控制，测量范围为 ±250、±500、±1 000 与 ±2 000（°/s）的 3 轴角速度感测器（陀螺仪）。

（3）集成可程序控制，范围为 ±2 g、±4 g、±8 g 和 ±16 g 的 3 轴加速度传感器。

（4）自带数字温度传感器。

（5）可输出中断，支持姿势识别、摇摄、画面放大缩小、滚动、快速下降中断、high-G 中断、零动作感应、触击感应、摇动感应功能。

（6）自带 1 024 字节 FIFO，有助于降低系统功耗。

（7）高达 400 kHz 的 I^{2}C 通信接口。

（8）超小封装尺寸：4 mm × 4 mm × 0.9 mm（方形扁平无引脚封装）。

2. MPU6050 传感器初始化

（1）初始化 I^{2}C 接口。

（2）复位 MPU6050。由电源管理寄存器 1（0x6B）控制。

（3）设置角速度传感器和加速度传感器的满量程范围。由陀螺仪配置寄存器（0x1B）和加速度传感器配置寄存器（0x1C）设置。

（4）设置其他参数。配置中断，由中断使能寄存器（0x38）控制；设置 AUX I^{2}C 接口，由用户控制寄存器（0x6A）控制；设置 FIFO，由 FIFO 使能寄存器（0x23）控制；陀螺仪采样率，由采样率分频寄存器（0x19）控制；设置数字低通滤波器，由配置寄存器（0x1A）控制。

（5）设置系统时钟。由电源管理寄存器 1（0x6B）控制。一般选择 x 轴陀螺 PLL 作为时钟源，以获得更高精度的时钟。

（6）使能角速度传感器（陀螺仪）和加速度传感器。由电源管理寄存器 2（0x6C）控制，初始化完成，即可读取陀螺仪、加速度传感器和温度传感器的数据。

思考练习

应用本任务所学相关知识，实现 X、Y、Z 其中一个方向加速度的显示。

第三篇

世界技能大赛篇

任务二十一
第 43 届世界技能大赛电子技术项目
嵌入式编程真题及解题思路

多功能时钟表

一、比赛说明

1. 项目任务基于如图 21-1 所示电路板实现。

2. 请选手根据任务的要求设计程序。

3. 选手须用"WSC_ 选手场次 _+ 工位号"为名建立文件夹，如"WSC_1_XX"；将所有新建程序设计文件保存在新建的文件夹中，比赛结束后提交给裁判员。

4. 选手须用下载软件将任务设计程序烧录到嵌入式 STM32L052（第 43 届世界技能大赛芯片用的是 PIC 单片机，这里做了改动）芯片中。项目电路通电后，参照任务功能检验描述与配分表，由裁判员验证功能，进行客观评分。

二、比赛任务——多功能时钟

项目电路板使用注意事项：

1. 请将 DC 稳压电源（+12 V，GND）用电源线连接到项目电路板，给其供电。

2. 注意调节器芯片温度开始升温，不要直接用手触摸。

3. 在比赛开始的时候先不演示"移动模式"功能，这些模式后面可以改变。

操作转换示意图如图 21-2 所示。

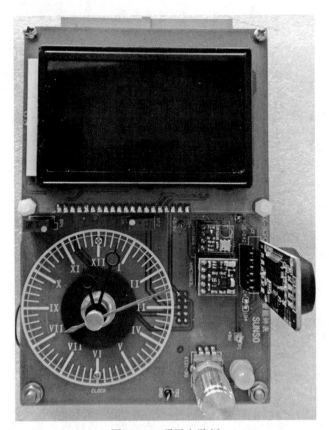

图 21-1　项目电路板

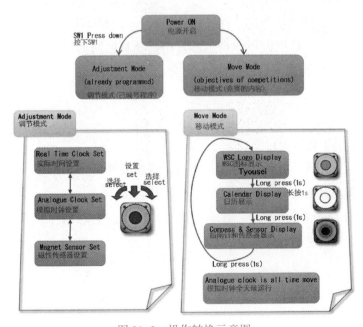

图 21-2　操作转换示意图

4. 调节模式设置要求

（1）实际时间设置：设置时钟的实际时间，电源关闭后，电池将保证实际时间并保证其继续运行。

（2）磁性传感器设置：翻转任务电路板，获得磁性传感器矫正的数值。校正的数值被保存到 ARM 的 EEPROM 里，并且在电源断电后可以保持，如图 21-3 所示。

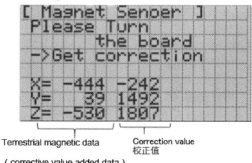

Please rotate the equipment until the corrective values rarely change.
请翻转设备单元直到校正的数值极少的变化

Save the corrective values by regular interval in EEPROM.
校正的数值保存到EEPROM的一般区间里

```
[ Magnet Senoer ]
Please Turn
        the board
->Get correction

X=  -444  -242
Y=    39  1492
Z=  -530  1807
```

Terrestrial magnetic data　　Correction value 校正值

(corrective value added data)
地球磁场数据(校正值添加的数据)

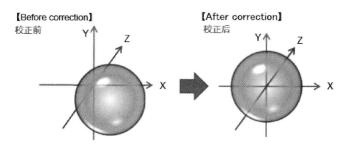

【Before correction】
校正前

【After correction】
校正后

图 21-3　磁性传感器设置操作示意图

5. 运动模式设置要求

（1）WSC 图标的显示：按照逆时针方向选择旋钮，图片滚动显示，如图 21-4 所示。

图 21-4　WSC 图标的显示操作示意图

（2）日历显示：当旋钮被选择时，日历的页面出现，如图 21-5 所示。

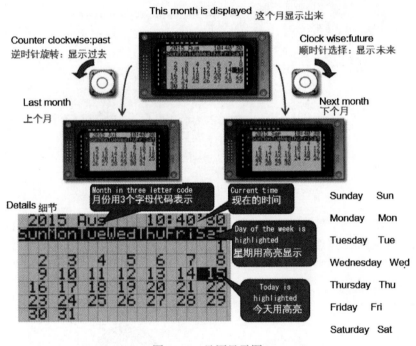

Sunday	Sun
Monday	Mon
Tuesday	Tue
Wednesday	Wed
Thursday	Thu
Friday	Fri
Saturday	Sat

图 21-5　日历显示图

（3）传感器设置：利用地球磁场传感器构成电子指南针显示，温度传感器和压力传感器的感应构成温度和压力值的显示，大约每秒更新显示一次，如图 21-6 所示。

其中世界技能大赛电子技术项目比赛指定设备，广东三向智能科技股份有限公司设备上带有上述项目的电路板，包括 PIC 板原理图、PCB 图和任务板原理图、PCB 图。其中日历图如图 21-7 所示。

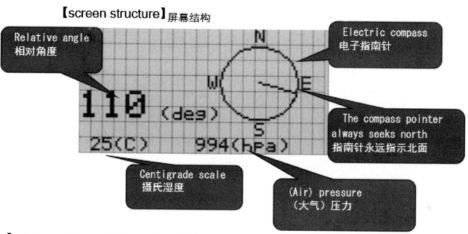

【screen structure】屏幕结构

Relative angle
相对角度

Electric compass
电子指南针

110 (deg)

The compass pointer
always seeks north
指南针永远指示北面

25(C)　　994(hPa)

Centigrade scale
摄氏湿度

(Air) pressure
（大气）压力

【relation of the pointer and angle】
指针和角度的关系

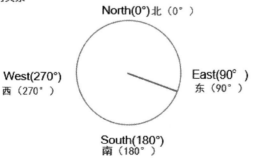

North(0°)北（0°）

West(270°)
西（270°）

East(90°)
东（90°）

South(180°)
南（180°）

图 21-6　传感器采集值的显示示意图

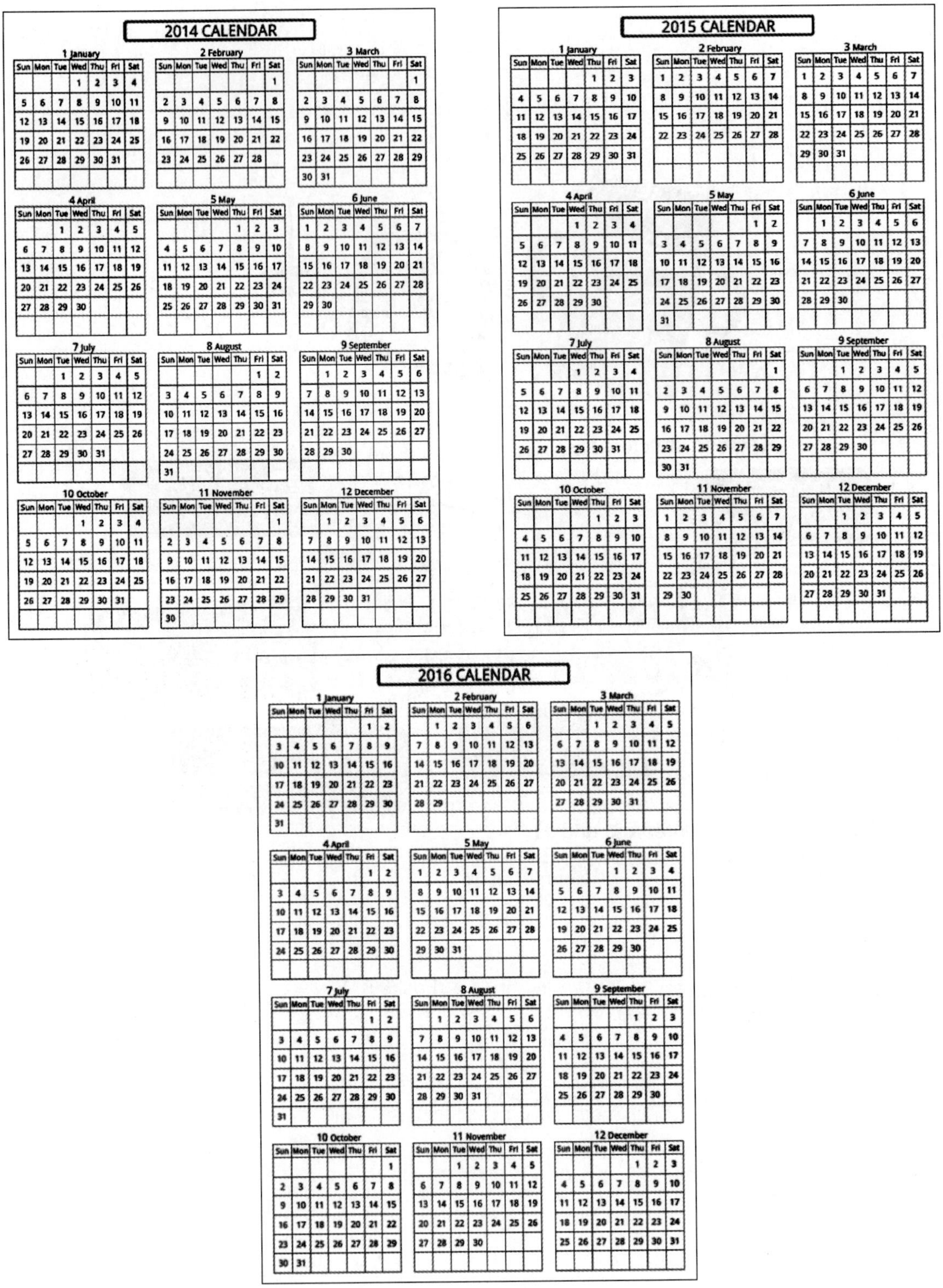
2014 CALENDAR
1 January
2 February
3 March
4 April
5 May
6 June
7 July
8 August
9 September
10 October
11 November
12 December
2015 CALENDAR
1 January
2 February
3 March
4 April
5 May
6 June
7 July
8 August
9 September
10 October
11 November
12 December
2016 CALENDAR
1 January
2 February
3 March
4 April
5 May
6 June
7 July
8 August
9 September
10 October
11 November
12 December

图 21-7 日历图

三、试题解析

第 43 届世界技能大赛嵌入式编程题目是多功能时钟的编程，可以分为以下几个部分完成，任务功能和解题思路见表 21-1。第 43 届嵌入式编程用的是 PIC 系列单片机 18F4550 芯片，从第 44 届开始用的是 STM32L052 芯片，选手只要把 CPU 板子换一下就可以，任务板是不变的。具体可以参考世界技能大赛电子技术项目比赛指定设备广东三向智能科技股份有限公司生产的板子。

表 21-1　　　　　　　　　　　　　　多功能时钟任务功能和解题思路

序号	功能任务	解题思路
1	编写真空荧光显示屏驱动程序	任务要求编写真空荧光显示程序，属于常规知识点，只要使用取模软件对 WSC 图标进行取模，然后调用图标显示程序显示 WSC 图标即可。这类试题历届世赛考得比较多，一般题目会给出不同的图标，选手只需要调用显示程序就可实现该功能 注：基础好的选手应该能看懂显示程序，或者自己编写显示程序
2	编写旋转编码开关程序，获取旋转编码开关的旋转方向	任务要求编写旋转编码开关程序，获取旋转编码开关的旋转方向，逆时针旋转时，WSC 图标向左循环移动。这类题目是历届世赛及全国选拔赛考查的基本知识点，选手只要掌握用 C 语言移动的算法即可，这类算法比较多，选手掌握一种就可以，以此类推，选手也要学会任意图片的左右移动及上下移动，并且平时要训练图标移动的速度，旋转编码开关的旋转方向可以根据电平高低顺序来确定
3	长按旋转编码开关 1 s，真空荧光显示切换功能	任务要求长按旋转编码开关 1 s，显示屏切换功能，可由图标显示功能切换至日历功能，日历功能切换至指南针功能，指南针功能切换至图标功能。这类题目是历届世赛显示类考题的常考点，也是功能类选择考试的常考点，选手只要理解 C 语言中的选择逻辑关系就可完成这类题目
4	日历显示界面，根据样例编写显示程序	任务要求制作日历显示界面，根据样例编写显示程序，可调用返回星期的函数确定每月的第一天是星期几，从而往后显示剩余的日期，反白显示当前日期。历届世界技能大赛经常会考时间显示，本任务对初学者较难，但是只要选手平时练习过日历的算法就可顺利地编写程序，这个 C 语言显示的算法网络上也有类似的案例，包括闰年的算法。学了这个任务，选手应该会显示年、月、日、时、分、秒等，真正把这类问题通过这道题目全部解决
5	顺时针旋转编码开关显示未来一个月的日期信息	任务要求显示顺时针旋转编码开关显示未来一个月的日期信息，逆时针旋转编码开关显示过去一个月的日期信息。这个任务和上面的类似，选手只要熟悉这类算法即可

序号	功能任务	解题思路
6	显示出指南针界面	任务要求显示出指南针界面，编写画圆函数与划线函数，从传感器读取弧度值，调用角度转换函数显示值和划线。这类题目在世赛中也考过，其实只要会函数调用即可，但是通过这个任务，选手应该学习液晶显示中所有可能的显示，包括各种不规则图形的显示，要学懂各种显示的算法，这是基本考点必须掌握
7	读取大气压传感器值、温度传感器值	任务要求读取大气压传感器值，读取温度传感器值在显示界面与指南针一同显示。该任务考点是世赛的基本考点，比较简单，需要选手看懂这两个传感器的手册，会编写驱动程序，如果驱动程序已经给出，只要调用即可，通过这道试题，选手要会读取各种传感器的值，读懂常用传感器的手册

任务二十二
第 44 届世界技能大赛电子技术项目
嵌入式编程真题及解题思路

模拟路口的交通信号灯控制

一、目录

本测试项目模拟路口的交通信号灯控制文案包括以下文档/文件：

1. WSC2017_TP16_UK_EN.doc
2. WSC2017_TP16_UK_01_EN.pdf　　　　　任务板示意图
3. WSC2017_TP16_UK_02_EN.pdf　　　　　World Skills CPU 电路板示意图
4. WSC2017_TP16_UK_03_EN.pdf　　　　　元器件数据表
5. WSC2017_TP16_UK_04_EN.pdf　　　　　元器件数据表
6. WSC2017_TP16_UK_05_EN.zip　　　　　项目文件任务阶段 1
7. WSC2017_TP16_UK_06_EN.zip　　　　　项目文件任务阶段 2
8. WSC2017_TP16_UK_07_EN.zip　　　　　项目文件示范阶段 1
9. WSC2017_TP16_UK_08_EN.zip　　　　　项目文件示范阶段 2

项目和任务的描述如下：

该任务分为两个编程子任务：一个是控制硬件的功能，另一个是交通信号灯控制、交通监控及行人信号灯的模拟。主控板和交通模拟任务板如图 22-1 所示。图为世界技能大赛电子技术项目比赛指定设备广东三向智能科技股份有限公司生产的任务板。

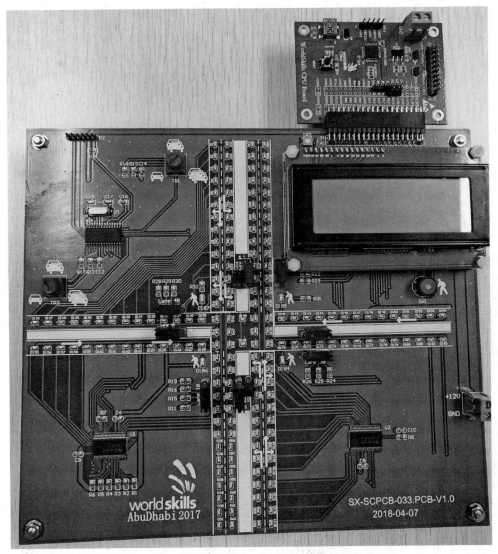

图 22-1　主控板和交通模拟任务板

二、交通灯模拟器概述

这是一个十字路口交通信号灯的模拟装置。最右边的车道（A）包括了车道 1 和车道 2，允许直行和右转，最左边的车道（B）只允许左转。车道 3 和 4 是独立的直行车道。车辆用蓝色 LED 灯进行模拟，模拟车辆只有在交通信号灯运行时才能通过路口。车辆的模拟不是本任务的一部分。本任务仅包括交通信号灯的运行、行人过街和交通流量监控。交通模拟任务板如图 22-2 所示。表 22-1 为交通模拟任务板每个部件的解释。表 22-2 为主控板与交通模拟任务板之间的信号。

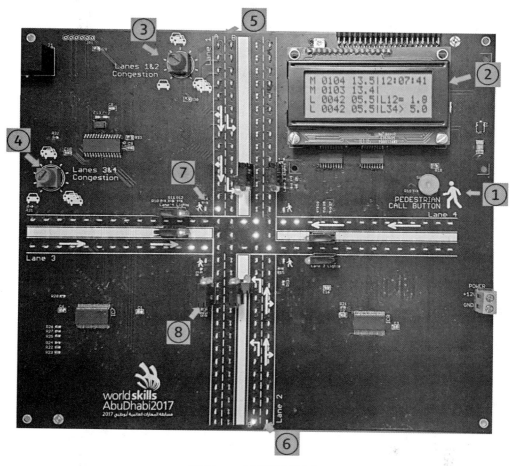

图 22-2　交通模拟任务板

表 22-1　　　　　　　　　交通模拟任务板每个部件的解释

序号	部件解释
1	行人过街请求按钮
2	交通信息显示屏
3	车道 1 和 2 交通拥堵设置
4	车道 3 和 4 交通拥堵设置
5	车道 1
6	车道 2
7	行人过街信号灯
8	车道 1 交通信号灯

表 22-2 主控板与交通模拟任务板之间的信号

CPU 通用输入输出（GPIO）	类型	信号名称	注释
PC14	GPIO_Output	LCD_E	LCD 使能信号
PC15	GPIO_Output	LCD_RS	LCD 选择信号
PA0	GPIO_EXTI0	LANE1_INT（车道 1_INT）	车道 1 车辆通过 GPIO 边缘中断
PA1	GPIO_EXTI1	LANE2_INT（车道 2_INT）	车道 2 车辆通过 GPIO 边缘中断
PA2	GPIO_EXTI2	LANE3_INT（车道 3_INT）	车道 3 车辆通过 GPIO 边缘中断
PA3	GPIO_EXTI3	LANE4_INT（车道 4_INT）	车道 4 车辆通过 GPIO 边缘中断
PA4	GPIO_Output	SER_DATA（SER_ 数据）	移位寄存器串行数据
PA5	GPIO_Output	SER_CLK	移位寄存器串行时钟
PA6	GPIO_Output	SER_CLR	移位寄存器清除
PA7	GPIO_Output	SER_LOAD（SER_ 加载）	移位寄存器加载
PA8	GPIO_Inputwith Pull Up	PED_CALL_BUTTON（PED_ 过街请求 _ 按钮）	行人过街请求按钮
PA9	GPIO_Output	PED_CALL_LED（PED_ 过街请求 _LED）	行人过街请求按钮 LED 指示灯
PA10	GPIO_Output	LCD_RW	LCD 读写信号
PA15	GPIO_Output	LCD_D0	LCD 数据 0
PB0	GPIO_Output	LCD_D1	LCD 数据 1
PB1	GPIO_Output	LCD_D2	LCD 数据 2
PB3	GPIO_Output	LCD_D3	LCD 数据 3
PB4	GPIO_Output	LCD_D4	LCD 数据 4
PB5	GPIO_Output	LCD_D5	LCD 数据 5
PB6	GPIO_Output	LCD_D6	LCD 数据 6
PB7	GPIO_Output	LCD_D7	LCD 数据 7

表 22-2 给出了交通灯任务板驱动信号。在函数 HAL_GPIOWritePin 和 HAL_GPIO_ReadPin 中使用表 22-2 中的信号名称。

下面是如何使用 HAL_GPIO_WritePin 函数的示例：

HAL_GPIO_WritePin（SER_CLK_GPIO_Port，SER_CLK_Pin，GPIO_PIN_RESET）；

HAL_GPIO_WritePin（SER_CLR_GPIO_Port，SER_CLR_Pin，GPIO_PIN_SET）；

接下来是如何用 HAL_GPIO_ReadPin 函数进行读操作的示例：

If（HAL_GPIO_ReadPin（PED_CALL_BUTTON_GPIO_Port，PED_CALL_BUTTON_Pin）== 0）

三、编程任务

本编程任务将分为两部分。在开始之前，选手能够看到一个已完成的任务演示。

选手将获得一个项目文件模板。在该文件中，所有 CPU 硬件抽象层（HAL，Hardware Abstraction Layer）和通用输入 / 输出（GPIO）的初始化均已完成。此外还有部分代码，可以从这些代码中找到关于如何使用某些库函数的例子。

第一部分为硬件相关阶段。一旦完成了该阶段，则呼叫评判员，检查函数是否按要求执行。在评判通过之前，不要进行任务的第二部分。

在任务的第二部分，选手将获得一个新的项目文件。在该项目中，之前第 1 部分的硬件任务已完成。

在这个任务的两个部分，选手还将收到演示文件和项目。可以使用这些项目 / 文件来下载，并为实现任务所需的功能性进行查看和测试。也可以使用 ST-LINK Utility 下载该".hex"格式的演示文件。

通过"File → Open file.（文件→打开文件）"来下载".hex"文件，以及通过"Target → Program & Verify.（目标→程序和验证）"将演示文件写到任务板上。或者可以加载演示项目到 Kiel 上，以及下载演示代码到任务板上。

在 Keil 上，通过"Project → Open Project.（项目→打开项目）"并按下加载图标 ![LOAD]，打开项目文件，也可以通过"Flash → Download（Flash →下载）"，或按下 F8 键。

1. 编程第 1 部分

第 1 部分编程的一般说明：

在第一阶段，选手需要将任务板信号（见表 22-2）设置（到高级别）和复位（到低级别）。在设置或复位信号之后，不要忘记设置一个小延迟（5 μs），因为在下一次信号设置或重置之前，还有一些任务板 IC 信号需要稳定下来。

在 Keil 中下载第一阶段项目

阶段 1.1

参考数据表和图表，完成函数"write_serial（uint16_t num）"，该函数将16位数据（74HC594 芯片8位串行数据的串行）写入并行锁存器。对74HC594 及其数据的加载可以根据串行数据值来控制 ULN2803 复合晶体管驱动器，并点亮交通信号灯和行人 LED 灯。函数 write_serial（）从主循环中被持续调用。在函数参数调用中插入正确的值，以便在表 22–3 所示的状态中点亮交通信号灯。

表 22–3　　　　　　　　　　　　　　　交通信号灯状态

车道 1 信号灯	车道 2 信号灯	车道 3 信号灯	车道 4 信号灯	行人过街信号灯
				熄灭

阶段 1.2

在主循环中添加一个测试，使得在 PEDESTRIAN_CALL_BUTTON（行人 _ 过街请求 _ 按钮）被按下时，交通信号灯变成表 22–4 中所示状态。

表 22–4　　　　　　　　　　　　　　　交通信号灯变化

车道 1 信号灯	车道 2 信号灯	车道 3 信号灯	车道 4 信号灯	行人过街信号灯
				熄灭

在完成第一阶段的函数和测试代码后，呼叫评判员，并向其展示。此时，评判员将会对选手的第一阶段评分。

选手可以在没有完成第 1 阶段的情况下，进入到第 2 阶段，但之后就不允许再次回到第一阶段并完成它了。另外，如果此时向评判员展示，将只会得到第一阶段的评分。

2. 编程第 2 部分

通过下载第 2 阶段的测试程序，可以看到已完成的程序演示情况。可以在任何时间查看，但是要使用该任务第二阶段的正确项目文件。

程序要求：

交通信号灯必须按定时序列规划，同时也要处理任何行人过街请求。交通信号灯的状态和交通监控将显示在 LCD 显示屏上。LCD 显示屏布局如图 22–3 所示，LCD 显示屏布局每个部分解释见表 22–5。

交通信号灯序列号见表 22–6。

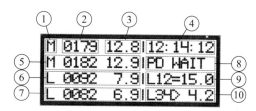

图 22-3　LCD 显示屏布局

表 22-5　　　　　　　　　　　LCD 显示屏布局每个部分解释

1	显示车道 1 的拥堵状况——根据每分钟通过路口的平均车辆数，该值可能是 "L" 低、"M" 中、"H" 高。 L≤12 辆车每分钟 12<M≤20 辆车每分钟 H>20 辆车每分钟
2	显示从车道 1 通过路口的车辆数。4 位数字显示
3	显示车道 1 重置后每分钟通过路口的平均车辆数
4	24 小时时钟显示，显示时、分、秒。每秒钟更新一次，必须以 hh：mm：ss 格式显示，必要时，前面加零
5	车道 2 信息，格式与车道 1 一样
6	车道 3 信息，格式与车道 1 一样
7	车道 4 信息，格式与车道 1 一样
8	行人过街信息 值："PD WAIT（PD 等待）"——行人按下过街请求按钮后 "PD CROSS（PD 通过）"——行人过街序列中——表 22-6 序列 13 "PD FLASH（PD 闪烁）"——行人过街闪烁序列中——表 22-6 序列 14
9	显示车道 1、2 绿灯通过总时间，表 22-6 序列 2 到 6，以秒为单位，小数点后 1 位
10	显示车道 3、4 绿灯通过时间，表 22-6 序列 10，以秒为单位，小数点后 1 位

表 22-6　　　　　　　　　　　交通信号灯序列

序列	车道 1 和 2	车道 3 和 4	行人过街信号灯	时间（ms），拥堵度，L、M、H
0				1 500
1				1 500

序列	车道 1 和 2	车道 3 和 4	行人过街信号灯	时间（ms），拥堵度，L、M、H
2				3 000，4 000，5 000
3				1 500
4				3 000，4 000，5 000
5				1 500
6				3 000，4 000，5 000
7				1 500
8				1 500
9				1 500
10				5 000，6 000，7 000
11				1 500
12			熄灭	1 500
13			点亮	5 000
14			以 2 Hz 的频率闪烁 点亮：250 ms 熄灭：250 ms	4 000

LCD 屏 DDRAM 地址的数据表见表 22-7，表中列出了地址和数据显示位置。

表 22-7　　　　　　　　　　　　　LCD 屏 DDRAM 地址的数据表

显示位置	1-1	1-2	1-3	1-4	1-5	1-6	1-7	1-8	1-9	1-10
DDRAM 地址	00	01	02	03	04	05	06	07	08	09
显示位置	1-11	1-12	1-13	1-14	1-15	1-16	1-17	1-18	1-19	1-20
DDRAM 地址	0A	0B	0C	0D	0E	0F	10	11	12	13
显示位置	3-1	3-2	3-3	3-4	3-5	3-6	3-7	3-8	3-9	3-10
DDRAM 地址	14	15	16	17	18	19	1A	1B	1C	1D
显示位置	3-11	3-12	3-13	3-14	3-15	3-16	3-17	3-18	3-19	3-20
DDRAM 地址	1E	1F	20	21	22	23	24	25	26	27
显示位置	2-1	2-2	2-3	2-4	2-5	2-6	2-7	2-8	2-9	2-10
DDRAM 地址	40	41	42	43	44	45	46	47	48	49
显示位置	2-11	2-12	2-13	2-14	2-15	2-16	2-17	2-18	2-19	2-20
DDRAM 地址	4A	4B	4C	4D	4E	4F	50	51	52	53
显示位置	4-1	4-2	4-3	4-4	4-5	4-6	4-7	4-8	4-9	4-10
DDRAM 地址	54	55	56	57	58	59	5A	5B	5C	5D
显示位置	4-11	4-12	4-13	4-14	4-15	4-16	4-17	4-18-	4-19	4-20
DDRAM 地址	5E	5F	60	61	62	63	64	65	66	67

其中，1-1 代表车道 1 的第 1 个字符。在 Kiel 中下载第 2 阶段项目。可以使用现有函数写入 LCD 屏。

WRITE_STR ("*** Test Mode ON ***", 20);

其中，第一个参数是要写入的字符串，第二个参数是要写入的 LCD 屏幕 RAM 开始地址。LCD 屏幕地址布局见表 22-7。这对于所有添加的 LCD 代码来说都很重要，屏幕的格式依据表 22-7 中的定义保持，并且显示屏的更新不应有任何明显的改写或闪烁。

阶段 2.1

在主循环中有用于更新 LCD 显示屏上第二计数器的代码。示例程序使用函数为：HAL_GetTick（），该函数返回毫秒系统定时计数器的当前值（uint64_t）。此方法可用于确定后面阶段的经过时间。改变更新第二例程，以便实现一个完整的 24 小时时钟，就像表 22-5 第 4 部分所示的那样，确保显示屏的更新，使每一秒都得以显示，时钟应开始于 12：00：00。

阶段 2.2

使用表 22-6 作为交通信号灯序列和计时的指南，主循环中有一个基本的状态引擎，它会使交通信号灯闪烁。扩展该引擎，以便实现"L"低拥堵度下，实现正确计时的完整交通信号灯序列，例如，序列 2 应持续 3 000 ms。实现循环的交通信号灯序列 0–11。

阶段 2.3

实现行人过街功能。当行人过街按钮被按下时，LCD 显示器应被更新，并且行人过街按钮的 LED 灯应亮起，表示已发出请求。在序列 11 结束时，应进行测试，并为增加的序列 12 到 14 编码。

当通过序列 13 启动时，应关闭行人过街请求按钮的 LED 灯。当 LED 灯关闭时，可随时发起一个新的行人过街请求，进入下一个循环。

行人过街信号灯应该在序列 14 中闪烁，代表安全通过期即将结束。确保过街信号灯以亮 250 ms 和灭 250 ms 的周期闪烁。

阶段 2.4

项目中包括一个中断，以检测从车道 1 到车道 4 通过交通信号灯十字路口的车辆。当 LED 车辆通过车道上第 16 个 LED 灯时，交通模拟装置发出一个中断信号。在"main.c"主程序下有一个回调函数"void HAL_GPIO_EXTI_Callback（uint16_t GPIO_Pin）"。用这个回调函数可以更新每个车道的计数。使用此计数器的信息实现所有 4 个车道的 LCD 状态信息，如表 22-5 第 2 和第 3 部分所示。

阶段 2.5

使用表 22-5 第 1 部分中的测试，设置 LCD 上所有 4 个车道的拥堵信息。为了缓解拥堵，在较高的拥堵度下延长"绿灯"时间。在序列 0 开始时，基于车道 1 和 2 中的最高拥堵度确定"绿灯"时间的长度（序列 2、4 和 6）。例如：如果车道 1 拥堵度是"L"，车道 2 拥堵度是"M"，则以最高的拥堵度"M"将每个车道的时间都设置为 4 000 ms。与上面相似，在序列 0 开始时，基于车道 3 和 4 中的最高拥堵度确定"绿灯"时间的长度（序列 10）。为了测试，可以通过调整交通灯任务板上的拥堵度控制装置来改变模拟交通的拥堵度。

阶段 2.6

以秒计数的车道 1 和 2 的"绿色"时间总长度（序列 2、3、4、5、6 的组合时间）应显示在 LCD 屏上，就像图 22-3 第 9 部分所示的"L12>xx.0"那样，其中 xx 是秒数。以秒计数的车道 3 和 4 的"绿色"时间总长度（序列 10 的时间）应显示在 LCD 屏上，就像表 5 第 10 部分所示的"L34>xx.0"那样，其中 xx 是秒数。

阶段 2.7

在序列 2 到 6 中，车道 1 和 2 的"绿色"时间，L12 的状态显示（图 22-3 第 9 部分）应以 100ms 的时间间隔倒计时计数，以显示"绿灯"结束前的时间长度。格式变为"L12=xx.x"，其中 xx.x 是剩余时间。到序列 7 时，应恢复显示阶段 2.6 所示的总时间。在序列 10 中，车道 3 和 4 的"绿灯"时间，L34 的状态显示（表 22-5 第 10 部分）应以 100 ms 的时间间隔倒计时计数，以显示"绿灯"结束前的时间长度。格式变为"L34=xx.x"，其中 xx.x 是剩余时间。到序列 11 时，应恢复显示阶段 2 到 6 所示的总时间。LCD 显示屏现在必须与图 22-3 中所显示的格式完全相同，包括相同的格式、间距和分隔符。LCD 屏格式错误，参赛者将会被扣分。

四、试题解析

第 44 届世界技能大赛嵌入式编程题目是交通灯的编程，可以分为以下几个部分进行完成，解题功能和解题思路见表 22-8。

表 22-8　　　　　　　　　　　　　交通灯编程解题思路

序号	任务要求	解题思路
1	74HC594 驱动程序编写	任务要求中 74HC594 具有 8 位串行电平输入并行输出功能，在本题目中主要用来控制 ULN2803 复合晶体管驱动器点亮 LED 灯。根据 74HC594 的时序图编写驱动程序，根据题目要求，输入不同数据控制 LED 灯的亮灭。该考点为基本考点，编写简单的驱动程序。只要能看懂时序图就可编写，通过这道题目要学会类似芯片的驱动程序的编写
2	使用 STM32 引脚输入功能控制灯	任务要求使用 STM32 引脚输入功能，当按钮被按下以后，控制 LED 灯亮灭。只需要选手会 GPIO 的基本读取函数就可完成任务
3	使用定时器编写程序	任务要求使用定时器，编写一个 24 小时制的时钟在 LCD 屏上显示，精确到秒。这个考点选手要掌握，要学会 STM32L052 的定时器应用，1 个和 2 个定时器的应用，要多看技术手册，读懂每个引脚的功能及定时器的应用方法
4	编写一个完整的交通灯循环控制	任务要求使用表 22-3 交通灯状态和时间实现低拥堵下一个完整的交通灯循环控制。要理解题意，用 C 语言编写交通灯循环控制，只要按照题目的状态编写即可
5	状态编写	任务要求当行人过街按钮被按下时，LCD 显示器应被更新，并且行人过街按钮的 LED 灯应亮起，在序列 11 结束时应执行序列 12 到 14。这是具体逻辑的编写，只要按照题目要求编写即可，用定时器控制时间，做到控制准确
6	中断程序编写	任务要求使用 STM32 输入中断程序，记录每个车道通过路口车辆的数量，在 LCD 屏上更新数量显示。这是要求选手学会 STM32L052 中断的应用，中断应该是选手平时训练的基本知识点，比较简单，但是要注意 LCD 屏上更新车辆的数量，要用 C 语言编写显示程序
7	设置信息	任务要求设置 LCD 屏上所有 4 个车道的拥堵信息，将拥堵的车道根据高中低设置绿灯的时间。这是编程中的设置信息类知识点，选手要清楚题目的逻辑功能

序号	任务要求	解题思路
8	显示时间	任务要求记录车道 1、2 的绿灯通行时间，也就是表 22–6 序列 2–6 的总时间，并在 LCD 上显示，记录车道 3、4 的绿灯通行时间，也就是表 22–6 序列 10 的总时间，并在 LCD 上显示。这个任务和前面设置信息的任务相似，注意逻辑功能
9	显示倒计时	任务要求程序在执行序列 2–6 时，总时间显示应以 100 ms 的时间倒计时，当执行完序列 6 以后，显示恢复为总时间，程序在执行序列 10 时，总时间显示应当以 100 ms 的时间倒计时，当执行完序列 10 以后，显示恢复为总时间。这个题目要应用中断记录准确时间，把前后逻辑关系思考清楚

附录　本书部分电气元件图形符号
（国家标准与世界技能大赛使用的标准对照）

序号	元器件名称	国家标准图形符号	世界技能大赛使用的标准图形符号
1	电阻		
2	电位器		
3	二极管		
4	发光二极管		
5	稳压二极管		
6	数码管		
7	三极管		
8	场效应管		

续表

序号	元器件名称	国家标准图形符号	世界技能大赛使用的标准图形符号
9	开关		
10	按钮开关		
11	继电器